咔嗒一声 迎刃而解

金钥匙可持续发展 中国优秀行动集

主　编 / 钱小军

副主编 / 于志宏　王秋蓉　杜娟　邓茗文　胡文娟

经济管理出版社
ECONOMY & MANAGEMENT PUBLISHING HOUSE

图书在版编目（CIP）数据

金钥匙可持续发展中国优秀行动集 / 钱小军主编．—北京：经济管理出版社，2021.7

ISBN 978-7-5096-8119-0

Ⅰ.①金… Ⅱ.①钱… Ⅲ.①经济可持续发展－中国－文集 Ⅳ.① X22-53

中国版本图书馆 CIP 数据核字（2021）第 136948 号

组稿编辑：魏晨红
责任编辑：魏晨红
责任印制：黄章平
责任校对：张晓燕

出版发行：经济管理出版社
（北京市海淀区北蜂窝路 8 号中雅大厦 A 座 11 层 100038）
网 址：www.E-mp.com.cn
电 话：（010）51915602
印 刷：唐山玺诚印务有限公司
经 销：新华书店
开 本：170mm×240mm/16 开
印 张：15.25
字 数：271 千字
版 次：2021 年 7 月第 1 版 2021 年 7 月第 1 次印刷
书 号：ISBN 978-7-5096-8119-0
定 价：98.00 元

《咔嗒一声，迎刃而解——金钥匙可持续发展中国优秀行动集》编委会

“金钥匙——面向 SDG 的中国行动”简介

2015 年 9 月 25 日，“联合国可持续发展峰会”通过了一份由 193 个会员国共同达成的成果文件——《变革我们的世界：2030 年可持续发展议程》（*Transforming our World: The 2030 Agenda for Sustainable Development*，以下简称《2030 年可持续发展议程》）。这一包括 17 项可持续发展目标（SDG）和 169 项具体目标的纲领性文件，既是一份造福人类和地球的行动清单，也是人类社会谋求取得成功的一幅蓝图。可持续发展成为全球的最大共识。

中国政府高度重视落实《2030 年可持续发展议程》，出台了《中国落实 2030 年可持续发展议程国别方案》，发布了《中国落实 2030 年可持续发展议程进展报告》，可持续发展成为国家战略。其中，中国于 2021 年 2 月宣布消除绝对贫困。占世界人口近 1/5 的中国，提前 10 年实现了联合国《2030 年可持续发展议程》减贫目标。

习近平主席多次就可持续发展发表重要讲话。2019 年 6 月，习近平主席在圣彼得堡国际经济论坛上发表题为《坚持可持续发展　共创繁荣美好世界》的致辞时深刻论断：可持续发展是破解当前全球性问题的“金钥匙”。

2020 年 1 月，联合国正式启动可持续发展目标“行动十年”计划，呼吁加快应对贫困、气候变化等全球面临的最严峻挑战，以确保在 2030 年实现以 17 个可持续发展目标为核心的《2030 年可持续发展议程》。

2020 年 10 月，为落实习近平主席的“可持续发展是破解当前全球性问题的‘金钥匙’”论断，响应联合国可持续发展目标“行动十年”计划，《可持续发展经济导刊》发起了“金钥匙——面向 SDG 的中国行动”活动，旨在寻找并塑造面向 SDG 的中国企业行动标杆，讲述和分享中国可持续发展行动的故事和经验，为推动中国和全球可持续发展贡献力量。

“金钥匙——面向 SDG 的中国行动”致力于成为中国可持续发展领域行动的“奥斯卡奖”，通过“推荐—评审—路演—选拔”层层递进的流程，强化专业性、公正性和竞争性，让最具“咔嗒一声，迎刃而解”金钥匙特征的优秀行动脱颖而出。

“金钥匙——面向 SDG 的中国行动”提出并遵循“金钥匙 AMIVE 标准”：①找准症结：精准发现问题才有解决问题的可能（Accuracy）；②大道至简：找到“高匹配度”的问题解决路径（Match）；③咔嗒一声：以创新智慧突破性解决问题的痛点（Innovation）；④迎刃而解：问题解决创造出综合价值和多重价值（Value）；⑤眼前一亮：引发利益相关方共鸣并给予正向评价（Evaluation）。

首届（2020 年）“金钥匙——面向 SDG 的中国行动”设立了人人惠享、消除贫困、美好生活、无废世界、礼遇自然、绿色发展、科技赋能、优质教育、驱动变革 9 大领域。在 1 个月的征集时间里，来自电力、通信、航运、建筑、保险等不同领域、不同行业的 92 家企业申报了利用自身在科技创新、管理变革、跨界合作、业务转型等方面的优势开展创新的系统性的实践 122 项。

2021 年 1 月 7 日，“金钥匙——面向 SDG 的中国行动”发布典礼以线下线上结合方式举办。来自 79 家企业的 94 项行动，通过公众网络投票、现场路演晋级评审、行动视频短片专家投票评选等环节，最终 57 项行动获得“金钥匙·荣誉奖”，37 项行动获得“金钥匙·优胜奖”，9 项行动获得“金钥匙·冠军奖”。

“金钥匙——面向 SDG 的中国行动”的 94 项行动切实解决了各种社会、环境挑战，释放了巨大的经济、社会、环境综合价值，得到了多方的高度认可，引起了社会的广泛关注，是推动可持续发展行动的积极探索和创新。

蒙牛集团、无限极（中国）、日产（中国）和瑞再（中国）作为合作伙伴对首届“金钥匙——面向 SDG 的中国行动”的举办给予了大力支持。

2021 年 6 月 22 日，2020 年联合国可持续发展优秀实践（UN SDG Good Practices）的评选结果揭晓，首届“金钥匙——面向 SDG 的中国行动”成功入选，获得了联合国的认可。同时，首届“金钥匙——面向 SDG 的中国行动”的 6 个获奖案例成功入选 UN SDG Good Practices，在世界舞台精彩亮相。

可持续发展是迄今为止人类达成的最广泛共识，摒弃一切照旧的模式，走向可持续未来，我们需要变革，更需要面向 SDG 的切实行动。我们衷心期待，更多优秀的可持续发展行动和故事走上“金钥匙”平台，进入大众视野，走向全球，为世界可持续发展贡献中国经验、中国智慧和中国方案。

金钥匙荟萃破解全球性问题的中国企业方案

2021 年 1 月 7 日，“金钥匙——面向 SDG 的中国行动”（以下简称“金钥匙行动”）发布典礼以线下线上结合方式举办，经过多轮激烈竞争，9 项致力于解决问题的可持续发展行动在各自类别中脱颖而出，荣获“金钥匙·冠军奖”。现场还公布了 37 项“金钥匙·优胜奖”行动、57 项 “金钥匙·荣誉奖”行动。至此，这场于 2020 年 10 月启动的可持续发展优秀行动的发现之旅画上了圆满的句号。

这次活动期间，来自全国各地不同领域、不同行业的 79 家企业，高水准地展示了一大批具有创新性、可复制性的面向 SDG 的优秀行动，生动阐述并证实了习近平主席所提出的“可持续发展是破解当前全球性问题的‘金钥匙’”的重要论断。

从全球性问题到寻找中国特色金钥匙

2016 年 1 月 1 日，联合国 2030 可持续发展议程正式生效，该议程涵盖 17 个可持续发展目标（SDG）。

2019 年 6 月，国家主席习近平指出：可持续发展是破解当前全球性问题的“金钥匙”。

过去 5 年，可持续发展在中国政府、企业界、学术界全面落地，成为社会共识，成为发展方向，成为转型目标。特别是作为落实 SDG 的先锋力量，企业瞄准全球性挑战，用可持续发展这把金钥匙，将发现商机同解决社会环境问题相结合，注重经济、社会和环境的协同发展，寻求企业、社会和谐发展。

为展现可持续发展这把“金钥匙”的魅力和价值，寻找面向 SDG 的中国行动标杆，向世界提供中国可持续发展行动的方案和故事，《可持续发展经济导刊》于 2020 年 10 月启动“金钥匙——面向 SDG 的中国行动”，吹响了可持续发展优秀企业行动“集结号”。

在新冠肺炎疫情依然严峻的形势下，在全球 SDG 行动放缓、信心受挫的情况下，“金钥匙——面向 SDG 的中国行动” 通过打造一套完整的流程和制度，强化专业性、公正性和竞争性，汇聚多方力量，共同寻找践行 SDG 的行动标杆，为一大批在中国致力于可持续发展的企业提供一个分享行动、交流经验、贡献方案、传播故事、坚定信心的多元化平台。更为重要的是，它建立了一个面向 SDG 的中国优秀行动案例库，向世界贡献了破解全球性问题的中国企业方案。

从金钥匙行动看中国可持续发展行动态势

一大批创新性、可复制的可持续发展优秀行动浮出水面。经过多年的积累和实践，越来越多的中国企业开展了大量卓有成效的可持续发展实践，解决了不同的难题，形成了典型经验。但是，如何将这些行动汇聚起来、分享出来，形成贡献 SDG 的中国方案，是当下需要解决的难题。“金钥匙——面向 SDG 的中国行动”的开展，正是回应企业的期待、中国的期待、世界的期待。

在短短 1 个月的征集时间里，主办方收到了 92 家来自不同领域、不同行业的企业开展的 122 项行动申报。其中，来自 79 家企业的 94 项行动脱颖而出，科技赋能、驱动变革、人人惠享、美好生活、优质教育、消除贫困、礼遇自然、无废世界、绿色发展 9 个类别分别涌现出了一批创新的解决方案，向社会各界充分展示了企业用可持续发展解决问题的能力和实力。这些行动成果，正是当下中国贡献 SDG 的有力证明。

一股强大的可持续发展力量正在汇聚，势不可遏。如果说，此前社会各界对企业践行 SDG 的情况还存在质疑和不确定性，那么在金钥匙行动整个过程中，企业的参与热情与实际行动，让我们看到了中国已经凝聚起一股强大的可持续发展行动的力量，这或将提升整个社会实现可持续发展目标的信心。

这些企业用脚踏实地的行动表明，在错综复杂的挑战面前，可持续发展力量不分大小，也充分释放了不可低估的经济、社会、环境价值。例如，百度用人脸识别技术实现了上万次成功寻亲，让许多孩子在被拐卖二三十年后重新与家人团聚；南航通过创新产品和服务模式，倡导里程奖励、按需就餐，节约餐食，减少“舌尖上的浪费”；中国五矿以“保险 + 期货”扶贫行动推动全国 13 个省级贫困县的数万人脱贫；国网南京供电公司的共享基站模式将加速 5G 建设……由此可见，可持续发展理念正在我国广大企业中落地生根，开花结果。

一个推动企业可持续发展的开放平台应运而生。可持续发展是所有企业都面临的新挑战、新目标、新任务，在探索寻找解决方案的过程中，需要沟通交流、总结经验、互学互鉴、改进优化、不断提升。金钥匙行动之所以能在短时间内得到众多不同领域、不同性质、不同发展阶段的企业的响应，形成一呼百应的态势，正是因为主办方联合企业界、学术界及专业机构共同打造了一个开放、共享、共建的平台，满足了这些致力于可持续发展的企业的迫切需求。

主办方发挥自身在可持续发展领域的专业优势，研究制定了“金钥匙 AMIVE 标准”，对企业践行 SDG 行动的水平进行统一评估打分，提供了一个交流经验、树立典范、扩大影响的平台。为体现专业、公开、公正，金钥匙行动采用创新的形式，即设置了现场路演、专家评审与选拔等环节，使企业在同台竞赛中互学互鉴，为今后更好地开展行动提供有益启示和建议。

“是中国可持续发展行动推进的里程碑事件”“坚定我们走绿色可持续发展道路”……这是企业对金钥匙行动的反馈，也让我们看到越来越多的企业对可持续发展更加坚定的信念，以及对金钥匙行动的认同。

2020 年，金钥匙行动发现了一批践行 SDG 的优秀行动。2021 年，金钥匙行动将携手同路人，为全球性问题的解决发掘更多优秀的中国方案和中国故事。

打造金钥匙，世界更美好

钱小军 清华大学苏世民书院副院长、清华大学绿色经济与可持续发展研究中心主任

2020 年 10 月 27 日，《可持续发展经济导刊》主办的“金钥匙——面向 SDG 的中国行动”（以下简称“金钥匙行动”）正式启动，我受邀担任总教练。经过 2 个多月的时间，2021 年 1 月 7 日迎来金钥匙中国行动发布典礼。在此和大家一起分享我担任金钥匙总教练的初心、金钥匙活动的主要发现以及我对金钥匙未来的期待。

一、担任总教练的初心

我为什么会担任金钥匙总教练？是源于三个“认同”。

1. 高度认同可持续发展

多年来，我在商业伦理、企业社会责任和可持续发展领域的研究和授课，让我坚信可持续发展是世界之路、中国之路、企业之路，是让世界更美好的必然选择。

2. 非常认同金钥匙的理念

习近平主席指出，可持续发展是破解当前全球性问题的“金钥匙”。要解决当今世界面临的各种难题，我们需要找到并且用好“可持续发展”这把金钥匙。因此，当《可持续发展经济导刊》主编于志宏和我讨论“金钥匙”的想法时，我非常赞同，并认为这件事情值得去做、必须去做。

3. 非常认同金钥匙的标准

可持续发展作为一个理念如何落地为行动？“咔嗒一声，迎刃而解”，金钥匙行动的标准让我们感受到可持续发展的魅力和价值。我在金钥匙行动启动会上说过，希望企业的行动有以下特征：关注痛点，选准问题；找准症结，创新思维；直指目标，杜绝浮夸；解决问题，创造价值。

正因为认同，我对金钥匙活动满怀期待。特别是它构建起一个开放共建的平台和体

现公开、公平、公正的流程，让真正有实力的行动通过“竞争”脱颖而出，提升了金钥匙活动的含金量和影响力。

二、作为总教练的发现

作为总教练，我对自己的定位是：虽然不下场，但眼光会跟随场上的每一位队员，观察其表现，发掘其潜力，解析得失，总结经验，不断改进。在此，我想和大家分享几个主要发现。

1. 金钥匙活动受到的欢迎程度超出预期

短短 1 个月时间，金钥匙活动就收到来自 92 家企业的 122 项行动申报，有 79 家企业的 94 项行动参加路演 / 晋级赛，其中 37 项行动位列前茅，角逐即将发布的“金钥匙·冠军奖”。在这些企业中，既有国家电网、中国移动、中国五矿、中广核、中国华电、蒙牛、北京公交等国有企业；也有星巴克、可口可乐、联合利华、华晨宝马、雀巢、日产、瑞士再保险、英特尔、无限极等知名外资及港资企业；还有安踏、伊利、中通快递等领先的民营企业，科大讯飞、极飞科技、掌门教育等一批创新企业，以及北京抱朴、E20 环境平台、新素代科技等特点鲜明的企业。这些不同领域、不同行业的企业，都在积极响应可持续发展，并用可持续发展行动解决问题，令人振奋。

2. 金钥匙活动是互学互鉴的专业平台

对于企业来说，参与金钥匙活动的程序复杂，要求苛刻，有一些环节也是可持续发展活动的首创：需要企业书面申报、参加微信公众投票、参加现场路演、制作 100 秒视频等。我也曾担心企业是否会有耐心参与，但实际情况是企业非常积极地准备、创造性地参与。特别是在“路演 / 晋级赛”环节，要求企业从金钥匙评审标准的视角，重新审视行动出发点、突破点和价值点；让企业在同类别行动的切磋中相互交流、互鉴互学，共同进步；还让企业在与评审专家的互动中，受到启发，找到改进的方向。

3. 企业注重行动中精准识别问题的能力

金钥匙行动是对企业用可持续发展解决问题能力的检验。在金钥匙评审标准中，第一项就是“找准症结”。因为只有精准发现问题，才有可能解决问题。通过对参加路演的 94 项行动评审得分分析，我们看到路演企业在五个维度的评分上，“找准症结”方面的得分率最高，为 84.72%。我们也看到获得优胜奖的行动在“找准症结”方面表现得更为突出。

4. 可持续发展行动的创新能力有待突破

金钥匙评审标准的另一个关键维度是“咔嗒一声”，即以创新智慧突破性解决问题的痛点。还是以参加路演的 94 项行动评审得分分析，“咔嗒一声”的平均得分率为 77.64%，与“找准症结”的得分率相差 7.08 个百分点。由此可见，企业在行动中，找准问题与解决问题的能力还不完全匹配，其中主要表现是解决问题方式不够创新、解决问题的成效还不够明显。即便如此，依然看到了很多让我们眼前一亮的行动。

5. 很多企业重视讲故事的能力

树立示范、讲好故事、传播经验，既是金钥匙活动的宗旨，也是中国可持续发展行动助力联合国 2030 可持续发展目标的重要路径。金钥匙 94 项行动曾在路演晋级赛中集中亮相，像一场可持续发展行动的故事会，现场讲述、同台比拼，这对所有企业而言都是一种挑战。所有企业都精心准备路演内容，并多次演练，力争把行动讲清楚、讲透彻、讲生动；获得优胜奖的企业全部提交了行动的 100 秒视频，37 段视频看下来，真是一场可持续发展行动的视觉盛宴。

三、作为总教练的期待

既然找到金钥匙行动，就需要发挥影响力。

一是持之以恒，寻找金钥匙行动。金钥匙行动既要做好 2021 年的计划，更要树立 2030 年的愿景，与世界同步，与中国同频，发现更多更优秀的金钥匙行动和故事，成为输出中国可持续发展故事的“重要窗口”。

二是持续优化，打造金钥匙行动。不只是寻找，更要用金钥匙标准打造金钥匙行动，用可持续发展的专业知识帮助企业找准问题症结、创新解决方案、创造多重价值，让“咔嗒一声，迎刃而解”的声音汇集成可持续发展的交响曲。

三是共创共建，释放金钥匙影响。金钥匙是一个开放、成长的平台，期待企业坚定对可持续发展的信念和热情，共创共建、携手前行，形成中国可持续发展的一股强大力量，共创美好未来。

作为总教练，我在此和大家宣布一个计划：清华大学绿色经济与可持续发展研究中心将与《可持续发展经济导刊》共同选编《咔嗒一声，迎刃而解——金钥匙可持续发展中国优秀行动集》，让行动被更多平台、更多人看见。让我们一起期待未来更响亮的“咔嗒一声，迎刃而解”的声音。

编者的话

为了发挥“金钥匙——面向SDG的中国行动”的价值和作用，《可持续发展经济导刊》与清华大学绿色经济与可持续发展研究中心共同选编和出版《咔嗒一声，迎刃而解——金钥匙可持续发展中国优秀行动集》（以下简称《金钥匙行动集》）。

本着自愿参与、重点选拔的原则，按照“金钥匙标准”，《金钥匙行动集》收录了来自2020年“金钥匙——面向SDG的中国行动”中人人惠享、美好生活、无废世界、礼遇自然、绿色发展、科技赋能、优质教育、驱动变革等领域的24项企业实践。

《金钥匙行动集》面向高校商学院、管理学院，作为教学案例参考，提升未来领导力的可持续发展意识；面向致力于贡献可持续发展目标实现的企业，促进企业相互借鉴，推动可持续发展行动品牌建设；面向国际平台，展示、推介中国企业可持续发展行动的经验和故事。

目 录

人人惠享

可持续发展
目标

依视路中国

多元伙伴参与，护卫青少年视力健康

一、基本情况

公司简介

作为全球眼视光行业的领导者，依视路于 1995 年进入中国设立公司，制造生产高质量的视光产品。迄今为止，中国已成为依视路集团全球范围内最大的生产加工基地，拥有 1 万多名员工，分销网络遍布全国。在中国，依视路及其合作伙伴为上亿消费者提供了优质的解决方案和眼健康产品，使他们看得更清晰。

依视路中国秉承“改善视力，改善生活”的企业使命，为中国消费者带来了全球领先的视光产品、技术和理念。与此同时，依视路不断与社会各界力量一起，倡导提升眼健康意识，并为行业培养专业人才，促进产业的可持续发展。

行动概要

依视路肩负“改善视力，改善生活”的企业使命，从三个维度采取创新举措构建视力健康生态系统，以应对当前日益严峻的青少年近视问题：第一，创新教育及认知。依视路支持独立知识平台知视局™和腾讯合力构建面向大众的眼健康教育知识体系；与中国教育科学研究院联合发布国内首部儿童视力健康科普教育立体书《我们的眼睛》，将创新手段运用于健康科普教育中。第二，共建行业规范。依视路携手中华医学会眼科学分会共同发布了《近视管理白皮书》，指导临床正确进行近视管理。第三，提供创新科技和解决方案。依视路在中国首发了其跨时代的近视控制解决方案——星趣控®镜片，在2020年上海进博会上正式推出。该产品经温州医科大学两年临床试验证明可有效延缓青少年近视发展，已经在社会上引起强烈反响。

《近视管理白皮书》发布

二、案例主体内容

背景 / 问题

青少年的近视问题是我国发展所面临的一个巨大挑战。

近年来，中国儿童青少年视力健康问题加速恶化，引起了政府、社会、家长的普遍关注和忧虑。国家卫生健康委员会2019年4月公布的数据显示，中国儿童青少年总体近视率高达53.6%。而在新冠肺炎疫情暴发后的短短半年内，学生近视率在原有基础上猛增11.7%，国家相关部门也出台了相关政策，以应对严峻的青少年近视防控形势。

随着屈光不正呈快速低龄化趋势，近视已经成为影响我国当代和未来人口素质的“国病”。这绝非“多戴一副眼镜”这么简单，近视的发生与危害都是不可逆的。近视的低龄化造成病程延长，致使人群中近视程度的分布日益向高度近视演变，进而产生各类眼底病变，造成永久性的视功能损害，严重影响到未来人口的生活质量。

同时，视力不良也给社会经济带来巨大负担。北京大学健康发展中心主任李玲发布的《国民视觉健康研究报告》指出，每年由各类

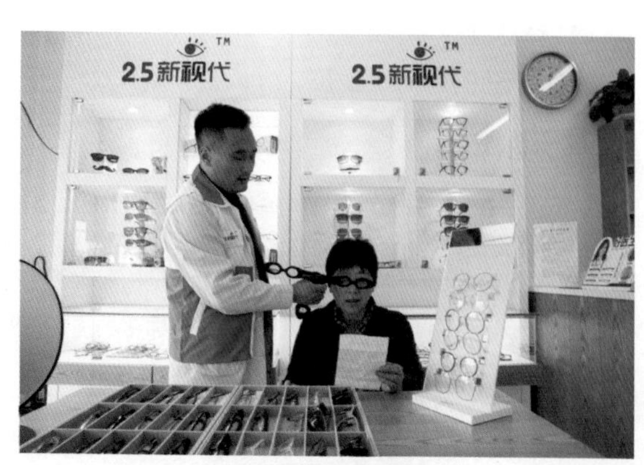

爱眼伙伴在为客户验光

视力缺陷导致的社会经济成本高达 6800 亿元，约占 GDP 的 1.3%。

放眼未来，近视不仅影响当代也会危及下一代。近视的早发和高度近视的高发不仅危及当代人口素质，也影响我国未来的人口素质，对我国社会经济乃至国防安全都会产生重大危害，是国家可持续发展道路中的一个巨大威胁。

行动方案

针对我国青少年的近视问题，习近平总书记多次强调，全社会都要行动起来，共同呵护好孩子的眼睛，让他们拥有一个光明的未来。

作为全球眼健康领域的领导企业，依视路以“改善视力，改善生活”使命驱动企业战略，将解决重大社会问题融入企业发展战略和日常运营之中。在这一使命的驱动下，公司长期专注于探索中国青少年近视防控的解决方案，不断投入科研力量和资源，与严峻的近视低龄化形势赛跑。

第一，创新教育及认知。依视路早在 2015 年便发现中国青少年近视问题之所以日益严重，与国人对视力健康的忽视、家长对近视问题的认知不足有着重大关联。为此，依视路制定了形式多样、线上线下相结合的方案推动儿童青少年及家长等人群的眼健康教育普及。其中，包括为在校学生进行近视知识的普及教育，从光的原理、近视的形成、日常护眼知识等方面对 6~15 岁儿童和青少年提供符合其年龄特征的培训课程和培训资料。2019 年底，依视路携手教育部近视防控与诊治工程研究中心教育培训部，宣布联合投入知视局 ™ 平台，并和腾讯达成战略合作，共同构建面向大众的眼健康教育知识体系，加速推进眼健康知识科普。针对低幼年龄儿童的近视预防，依视路与国家教育部门合作推出了国内第一本 3D 儿童爱眼护眼立体书——《我们的眼睛》。该 3D 立体书由教育部智库中国教育科学研究院相关专家牵头编著，通过生动活泼、互动有趣的表现方式，让儿童自主探索眼睛的秘密，了解近视的成因和危害，学会爱眼护眼知识，从而养成科学用眼的好习惯。

第二，共建行业规范。依视路积极倡导与政府、教育机构、医院、行业及合作伙伴一道，建立青少年近视防控生态圈，推动以社会力量解决社会问题的进程以及社会合作方面的模式创新。2019 年，依视路携手中华医学会眼科学分会眼视光学组和行业专家，共同发布了《近视管理白皮书》，指导临床正确进行近视管理，并帮助患者科学保护眼睛。针对中国视光专业人才缺口 4 万人的现状，依视路与天津眼科医院于 2013 年共同成立了天津市万里路视光职业技术学校，为视力矫正行业培养一流的专业人才，以确保青少年视力问题能得到及时发现、筛查、诊治和矫正，并形成了一个完整闭环。

第三，提供创新科技和解决方案。依视路发挥自身在光学领域的百年专业，持续投入科学研发，并于2020年进博会期间正式推出了公司迄今为止最先进的青少年近视防控创新解决方案——星趣控®镜片。这款镜片采用依视路独家创新的H.A.L.T高非球微透镜技术进行设计，在近视镜片上采用11个圈层和1021个微型透镜群，对儿童青少年近视发展进行有效控制。临床试验结果显示，在体验到清晰视野和舒适佩戴感的同时，每天佩戴星趣控®镜片超过12小时的儿童的近视发展平均水平较佩戴单光镜片的儿童延缓了67%[①]；此外，据首年测试结果，这些儿童中有超过1/4近视度数无进展。这些参加临床试验的家庭中有一位情况特殊的近视男孩，由于他的体质对角膜塑形镜（OK镜）过敏，这名男孩的父母一直在苦苦寻找非接触式的近视控制替代手段。在得知星趣控®招募试戴后，这名男孩的父亲在第一时间帮他报了名。经过一年的坚持佩戴，这位男孩的近视度数没有增长，如愿得到了有效控制。在星趣控®上市后，他自然成了该产品的第一批客户。

星趣控®产品发布

多重价值

在依视路这家企业，创新基因代代相传，不仅在企业经营管理中贯彻科技创新战略，更通过新型的业务模式为社会创造价值。依视路秉持“改善视力，改善生活”的使命，致

① 数据来源：温州医科大学附属眼视光医院于2018年开始进行的有关近视防控研究的前瞻性随机双盲对照临床试验（中国临床试验注册中心注册号ChiCTR1800017683）两年期试验结果。该试验将104名近视儿童随机分为两组分别佩戴星趣控®镜片（54名，即研究组）和单光镜片（50名，即对照组）。67%的数据是基于试验中连续两年每日佩戴星趣控®镜片12小时以上的32名儿童，按照“（对照组近视进展量(D)—研究组近视进展量(D)）÷对照组近视进展量(D)×100%”计算得出。该临床试验所用镜片均来自依视路。

力于让全球每一个人都能享受到科技创新带来的福祉，其中更有对贫困、弱势群体的长期关注和关爱。

依视路于2016年在中国正式成立了依视路视力健康基金会,通过开展公益慈善活动，为经济不发达地区的青少年提供免费的视力筛查和矫正。在每一次视力义诊中，依视路的员工、来自客户企业的验光师、配镜师和当地公益组织、教育部门通力合作，将科学严谨的验光服务带进乡村学校。从成立至今，基金会已累计为超过200万名中国在校中小学生改善视力。

此外，针对经济不发达地区视光专业人才不足、基础医疗条件短缺的状况，依视路还在安徽、河南、云南等地搭建了“爱眼伙伴”服务网络。该网络以社会企业的模式，由依视路基金会资助当地基层视光服务者接受视光师培训，并支持他们通过基层视光服务网络开展公益活动。依视路这种尝试用商业的手段推动公益慈善的模式，不仅给贫困人群带来视力健康并进而改善其生活，还为社区创造了稳定的就业机会，确保受助人群能长久受益，并推动社区经济发展。如今，它已经培养了将近6000名爱眼伙伴和爱眼大使，为7500万人提供了可持续的视光服务。

在产品层面，星趣控®镜片在第三届进博会前夕举办的“报时未来”首届全球企业创新实践年度峰会上获得了“2020年度技术与产品创新实践案例”奖。目前，星趣控®镜片已陆续进入中国各大医院，将由专业的眼科医生介绍给受近视困扰的青少年，之后该产品将陆续在其他渠道上市，通过帮助广大青少年有效减缓近视的发展速度同时也解决部分儿童无法佩戴角膜塑形镜的困扰，星趣控®镜片将揭开我国青少年近视防控工作的新篇章。

以使命驱动战略，以解决社会问题为己任，以企业核心价值、经营领域、关键能力、综合资源与重大社会问题对接为出发点，以打造全社会生态、带动行业发展为解决社会问题的可持续力量，依视路的创新建立在可持续发展目标的追求和实践当中，针对重大社会问题提出及时有效的创新解决方案。这一全方位的方案涵盖三个重要的维度：创新教育和认知；创新科技和产品；创新生态和共赢。CSR思想实验方法论创立者、全球报告倡议组织董事局董事吕建中认为，这种“企业—行业—社会可持续共生、共享、共荣”的生态模式，创造了企业担当社会责任、践行可持续发展的新高地，起到了创造社会—经济—环境三重价值的示范作用，引领了行业一起向着可持续发展进军的力量，创造企业效益、社会福祉。这是一个接地气、有体系、创价值、能持久的可持续发展模式，值得推荐和借鉴。

未来展望

依视路"使命驱动战略"的商业模式为企业创造了可持续的商业成功，一方面激励公司主动地应对社会和环境挑战；另一方面也链接社会资源，形成了联动各大利益相关方共创价值的良性机制。

然而，"改善视力"的事业任重道远，未矫正的不良视力仍然是世界上最广泛存在却未被重视的健康问题。它影响着 1/3 的人口，其中 90% 居住在发展中国家，并且这一数字还在不断攀升。据世界卫生组织统计，全球近视人群在 2050 年将达到 50 亿，每年因视力不良而造成的全球经济损失达 2720 亿美元，而且随着户外活动减少、电子屏幕依赖增加等现代生活方式的普及，这个问题会越来越严重，并极有可能达到流行病的程度。

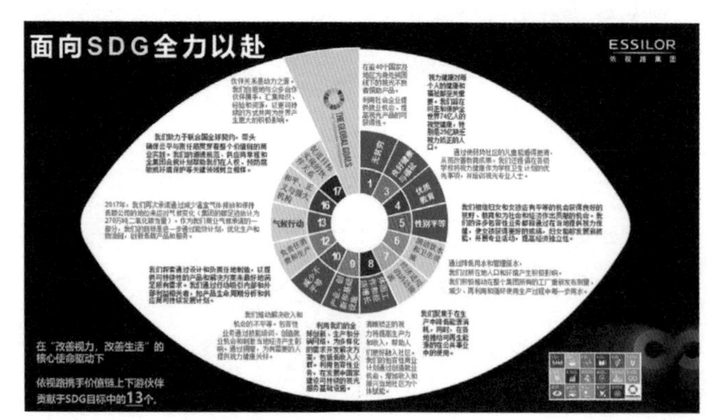

依视路面向 SDG 全力以赴

基于此严峻形势，依视路提出了"在 2050 年前消除全球不良视力"的宏伟目标，并发布了《在一代人的时间内消除不良视力》的专项行动报告。该报告制定了实现这一目标的四大战略举措：①新建 100 万个服务网点，覆盖 90% 的需求人群，其中包括 60 万个能够提供全面验光服务的网点；②加速创新研发，重点投资对低成本、数字化或自动筛查工具，减少对操作人员培训的需求，显著提升现有和新工具的数字化规模；③提升公众对不良视力及其在个人和社会层面经济影响的认知，确保所有社区都能收到有关视力保健重要性的信息；④填补困难人群在负担性和可获取性上的资金缺口，为极端贫困地区人群以及所有 10 岁以下的贫困家庭儿童提供补贴或免费的屈光不正解决方案。作为行业领导企业，依视路将担当起当仁不让的社会责任，也力倡与商业伙伴、政府、非营利机构等利益相关方团结一心，共同攻克这一重大公共卫生问题。

美好生活

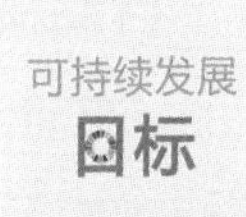

国网杭州供电公司

低碳入住计划：智慧电力支撑绿色酒店

一、基本情况

公司简介

国网杭州供电公司是国家电网公司34家大型重点供电企业之一，下辖8家县供电公司和4家城区供电分公司，现有电力用户500万、职工4875人，其中硕士及以上学历占比17.1%，博士32人。杭州电网拥有35千伏及以上变电容量8639万千伏安，2020年售电量763亿千瓦时，电网容量和电量水平居国网系统省会城市第一。全域供电可靠率99.9889%（全国第八，国网第四），最高负荷1718万千瓦（国网系统首个突破1700万千瓦的省会城市），城区配网电缆化率95.2%，处于国际领先水平，绝缘化率100%。

近年来，公司先后获得中央企业先进集体、联合国实现可持续发展目标先锋企业、全国文明单位、全国五一劳动奖状、国家电网先进集体、国家电网红旗党委等荣誉。

国网杭州供电公司以可持续发展为核心，全面落实习近平总书记2003年底到国网杭州供电公司调研时提出的“要让电等发展，不能让发展等电”的指示精神，全面贯彻“创新、协调、绿色、开放、共享”的发展理念，立足于电网企业的属性、功能和使命，积极融入能源“四个革命、一个合作”，更加注重企业与环境、社会的协调发展，在努力成为具有国际影响力的优秀企业道路上不断前行。

行动概要

“低碳入住计划”项目对试点酒店进行能耗监测改造及展示系统开发，联合酒店布局端到端的电力采集器，在保障用户隐私的基础上分析各房间用能数据，一方面通过人工智能及大数据算法，为酒店及客户提供碳排放账单，包含房间用能情况、综合用能评分、节能指导建议等，使旅客能从数据上直观地感受自己的用电情况；另一方面提供酒店整体客房用能排行榜展示，使旅客获得 PK 碳排放量的乐趣，并唤起旅客低碳出行的节能意识。同时，与酒店及其周边餐饮、娱乐等商家广泛开展合作，为低于平均值的住店客人提供房费抵扣、周边餐饮优惠等服务，实现政府打造低碳示范项目、旅游局推动旅游业绿色发展、数据资源局完善“城市数据大脑”、商家获得流量关注、旅客获得实际优惠、公司推广优质服务的多方共赢商业合作新业态。

二、案例主体内容

背景 / 问题

近年来，国家对酒店业节能降耗的政策以及财政资金对已采取节能降耗措施的补贴激励，成为了酒店业低碳发展的外在动力。降低运营成本、挖掘服务特色、抢占大众消费市场又为酒店节能降耗提供了内生动力。但是，在实际操作过程中，由于各酒店规模、客源结构、客房出租率、客房价格、设备系统及地理位置气象条件等的差异，难以判断酒店的能耗是否合理，各类酒店迫切需要解决能耗监测能力不足、能源综合管理手段缺失等现实问题。

杭州是中国信息化、数字化建设的领先城市，一直努力打造“国内领先、国际一流”的“智慧城市”。2018 年 5 月，《杭州城市数据大脑规划》发布，使杭州成为全国第一个采用城市数据大脑模式，通过政府数据和社会公共数据的共同融合进行治理的城市。如何运用“城市数据大脑”提升社会治理能力和城市发展水平成为社会各界亟待研究的新课题。

国网杭州供电公司作为国网大型供电企业，窥见酒店业低碳发展迫切的需求，紧抓“城市数据大脑”发展契机，联合杭州市文化广电旅游局、杭州市数据资源管理局、云栖小镇管委会等利益各方发起全国首个“旅游 + 电力”大数据服务项目——“低碳入住计划”，呼吁酒店和游客建立低碳意识，践行节能减排。

国网杭州供电公司综合分析地方政府、旅游局、数据资源局、酒店、旅客、供电企业等利益相关方诉求，厘清各方的需求、资源与收益，为高效有序地开展工作提供方向和思路。

利益相关方分析

利益相关方	利益诉求	优势资源
地方政府	● 打造一批低碳示范项目 ● 创建便捷文明、低碳环保的“智慧城市”	● 提供政策引导和支撑 ● 在更多领域推广低碳项目
旅游局	● 打造旅游特色亮点 ● 推动旅游业绿色发展	● 提供政策支撑和优惠激励 ● 在更多酒店推广该项目
数据资源局	● 融合运用多元数据流，完善“城市数据大脑”	● 提供数据来源和技术支持
酒店	● 降低能耗、节约运营成本、提高管理水平 ● 提升酒店品牌形象，吸引更多客户	● 出资购买用电监测设备 ● 提供用能数据
旅客	● 获得住店或者旅游优惠 ● 享受更优质、特色的入住体验 ● 从节能中获得价值感	● 带来消费和流量 ● 对酒店低碳计划口碑传播
供电企业	● 巩固客户关系、获得数据、推广服务 ● 成为城市低碳发展的领航企业	● 提供用能指导和能效分析

通过利益相关方的分析发现，“低碳入住计划”顺利地实现可持续开展需重点解决以下三个方面的问题：

1. 如何提升利益各方的参与意愿

对于酒店而言，加入低碳入住计划，需要投入一笔不小的费用用于用电监测系统的建设，同时，也面临将自身用能信息和经营数据对外开放的风险。对于供电公司本身而言，不仅需要投入人力物力参与该计划，降低酒店的用能也等于降低了供电公司的电费收入。

如何提升利益各方的参与意愿？

2. 如何提高旅客节能的积极性

作为养成固定用电习惯的旅客，是否有真正的内在动力和积极性去改变用电习惯的意愿，是否在意匆匆几日入住所节省下来的电费开支？如何激发旅客改变自身行为？

3. 如何更大范围地推广该计划

要让该计划获得真正的环境价值和社会效应，必须在更多的酒店、更多的领域推广才能发挥其规模效应和生态效应，如何整合更多的资源、发挥更多力量来推动该计划的复制推广？

行动方案

国网杭州供电公司主动对接各利益相关方，通过会议形式分析探讨各利益相关方诉求，整合各方资源，形成行动措施。

（一）助力酒店精准节能

供电企业是贯通发电侧与需求侧的中枢，是能源电力行业中能量流、信息流汇集最密集的地方，杭州电力通过能耗采集器等装置汇集数据信息，综合分析酒店用能情况，让酒店节能更精准、更直观。

第一，联合试点酒店，布局端到端的电力采集器。酒店能耗主要由用电、用水、用气三部分构成，包括照明、电器、电梯、电热水器、生活用水、中央空调等方面。酒店现有计量系统多是供电公司、自来水厂或是天然气公司安装的一级总表，数据普遍通过人工采集而成，此方法只能采集到各类能源介质消耗的累积量，而对于电流、电压、功率等瞬时数据无法采集。然而，这部分实时数据，是酒店运营大数据库的基础，如果有了所需要的用能实时数据，便能从源头上把控经营成本。杭州公司与“城市大脑”基地所在地云栖小镇开展深度合作，主动联系试点酒店，创新商业模式，改造加装电力采集器，让能耗数据精确到房间甚至电气设备，为酒店精准节能奠定数据基础。

第二，开发绿色酒店模块，依托大数据开展节能服务。国网杭州供电公司积极发挥杭州市打造全国数字经济第一城的平台优势，与杭州市文化广电旅游局深入开展数据资源合作，将采集到的数据传输到能源监测系统，实现能源消费分房、分类、分项计量，实施对能源消耗状况实时监测。同时，应用层次分析法、协方差分析法、斯皮尔曼相关性分析等方法，对数据进行处理，并在“网上国网”新模块——“绿色酒店”中输出用能情况，最终实现酒店经营数据和酒店电量数据的集成分析，构建起酒店“能效指数”模型，帮助客户及时发现、纠正用能浪费现象，防范能源风险，做到安全用能，从而达到节能减碳与能源监测的完美结合。截至目前，有 20 家高档酒店成为了“智慧绿色酒店”用户，它们在平台上比拼各自的能耗数据，想方设法减少不必要的能耗，提高自身排名，争当企业主体节能降耗的先行者。

（二）合力推进低碳计划

国网杭州供电公司联合文旅局、数据资源局等利益相关方，打造“绿色酒店”“电力 + 文旅”等互联网产品，汇聚各利益相关方的数据与资源，促进供需对接、要素重组、融通创新，打造数据交流平台、综合服务平台和新业务、新业态、新模式发展平台，使平台价值开发成为培育核心竞争优势的重要途径。

第一，加强相关方合作，构建低碳入住的良性生态圈。国网杭州供电公司加强与环境部门、旅游局、在线旅游平台、酒店集团等利益相关方的深度合作。目前绿色智慧酒店已接入杭州城市大脑·文旅系统；在订房网站上将“节能”作为酒店标签，为绿色智慧酒店引流；推动将“低碳入住计划”纳入整个酒店的评星、评级与口碑推广中；通过与各类服务提供方建立多赢的合作关系，围绕用能数据与关注度建立合作生态，引导更多酒店安装用电采集器，建设绿色智慧酒店，探索电力旅游数字化合作应用场景与新业态，搭建起促进低碳入住的良性生态圈。

第二，开展品牌化运作，营造低碳入住的社会氛围。为“低碳入住计划”和“绿色智慧酒店”设置一个更具辨识度的品牌名字——“e 启杭”。e 既代表 electricity（电力），也代表 ecosystem（生态），意在表达供电公司在推动杭州绿色发展中所发挥的先锋作用。围绕“e 启杭”低碳入住计划，在媒体平台和酒店内部开展了一系列品牌策划与传播工作，将绿色、环保、低碳、节能的理念植入杭州市民和来杭旅游的顾客心目中。同时，主动亮相“2050 大会”2019 世界环境日全球主场活动、联合国全球契约峰会等，在更大的平台上宣传杭州的低碳入住计划，营造全民节能环保的社会氛围。

2019 年 4 月底，“低碳入住计划”亮相第二届“2050 大会”

杭州低碳入住计划亮相 2019 世界环境日全球主场活动

（三）带动社会低碳行动

国网杭州供电公司与用户及其他利益相关方开展信息互动、技术交流与业务合作，共同打造共建、共治、共赢的能源互联网生态圈，实现数据共享、成果共享与价值共享。

1. 节能价值共享，激发住客低碳消费

作为云栖小镇数字化建设的一部分，云栖客栈是首个实施该计划的酒店。截至目前，公司已经在客栈全部 115 个房间的电表上安装了监测设备，并接入能效服务云平台。通过监测每个房间的能耗，旅客可以在退房时拿到一张电子“碳单”，上面注明了入住期间

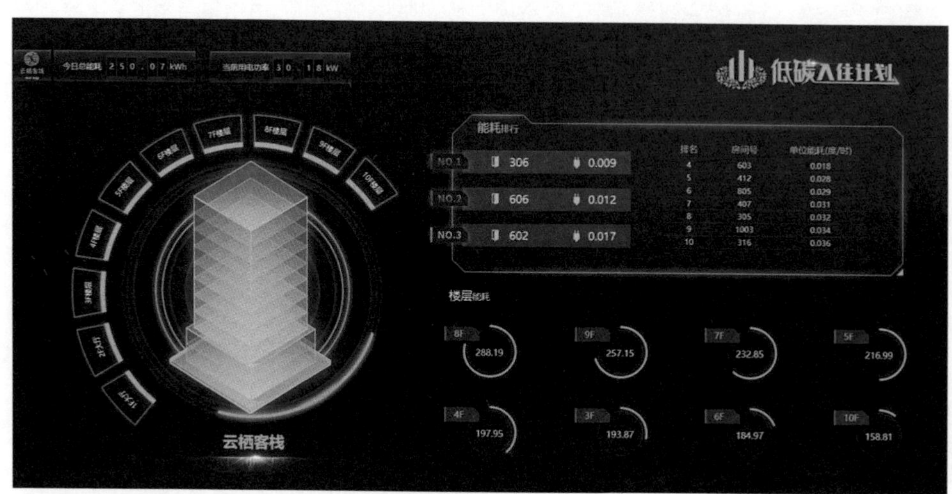

低碳入住计划云栖客栈客房能耗排行榜

房间能耗和排名。这是国内首次由电力部门和旅游部门共同认证的住店能耗排名，旨在引导旅客减少不必要的电能消耗。利用入住酒店客户的节能荣誉感、PK好胜心和新品好奇心，将其节能所创造的价值以电费红包、房费减免、旅游购物优惠券、公益捐赠等方式共享反哺住客或社会，推动消费者主动践行低碳行为，提升住客践行低碳入住的价值感和对绿色酒店的品牌认同。

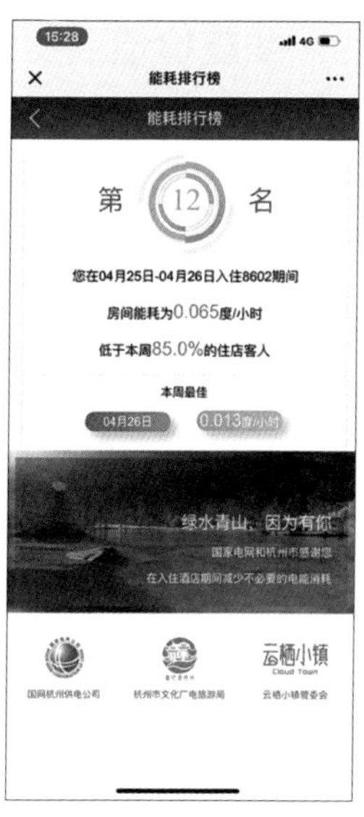

旅客的电子碳单

2. 数据价值共享，促进城市低碳治理

公司融合各方数据，向杭州文旅局和数据资源局输出酒店能耗数据，通过“城市大脑”的“智慧能源”板块进行统一汇集，打通数据壁垒，推动数据共享、成果共享、价值共享，为利益相关方提供要素重组、融通创新的数据交流与应用平台，为城市发展治理提供科学高质的数据支撑。

用能数据的价值共享途径

利益相关方	成果应用方向及意义
地方政府	● 丰富“城市大脑”数据库，助力构建智慧城市 ● 结合能耗数据，发布新政策，支持引导低碳环保企业持续健康发展
旅游局	● 利用“低碳入住”打造新的旅游特色，吸引游客流量 ● 推出旅游优惠，引导低碳消费模式，让“碳足迹”遍布杭城
酒店	● 实时监控用能情况，科学管理运营成本 ● 打造低碳环保特色，提升酒店定位，吸引旅客入住
酒店行业	● 将能耗水平纳入酒店评级的指标之一，顺应政府要求，鼓励低碳经营
旅客	● 增强节能意识，获得入住或旅游优惠，改变消费行为，为建设生态文明的社会贡献力量
供电企业	● 为客户提供优化用能方案，提升服务质效，提供综合能源服务，推进电能替代 ● 推广App，巩固客户资源 ● 获取数据资源，应用于泛在电力物联网建设 ● 加强用电宣传，提升公司品牌形象

多重价值

“低碳入住计划”实现了旅游酒店管理数据与电力数据融通应用，是实体经济、数字经济、电力经济三相融合的积极尝试。

（一）绿色智能，凸显城市大脑效益（对城市治理的价值）

“城市大脑”是以数据为核心、以云计算为基础，将城市中的大量数据进行处理，从而辅助决策，解决城市发展问题。2016 年，杭州在全国率先提出建设“城市大脑”，以交通治理为突破口，打通政务、社会数据等资源，以数据驱动城市治理能力提升。杭州供电公司通过能耗监测系统提取的用能数据在杭州“城市大脑”的“智慧能源”系统中，以要素重组、融通创新的方式，实现产品—平台—生态的战略演进，最终形成“能源数据生态”，继续发挥新的作用与意义，为城市建设发展注入源源不断的数字动能。

低碳入住计划可以用大数据、云计算指导客栈经营策略，提高经营效益和管理能力。

——云栖云数据技术负责人 杨琼

（二）节能降耗，实现酒店绿色经营

以云栖客栈为代表的绿色智慧酒店通过供电公司提供的能耗监测系统和优化用能方案，可实时监控用能情况，并据此调整酒店用电策略，实现了对运营成本的科学合理管控。

加入“低碳入住计划”的酒店，可以根据客户的节能情况，通过返还消费红包、提供打折优惠吸引回头客。后续还将在酒店订购平台上产生绿色标签，增加曝光度。

杭州云栖客栈在国内首先完成了 115 个“低碳入住计划”智能电表改造，共有 3000 余名入住旅客扫码体验，关注度超过 60%，平均每月节省能耗 7.3%，最高单月累计节电 1300 千瓦时，相当于二氧化碳排放量减少了 1.3 吨。

（三）低碳奖励，催生公众绿色消费

客户入住绿色智慧酒店，可以亲自参与到低碳行动中来，通过“低碳入住”的引导和优惠措施的激励，有意识地改变消费行为，畅享低碳生活。在行动完成后，可以数据化展示自己的行为对低碳发展所做出的贡献，进而激发客户的自豪感，让客户享受低碳行动的魅力，进而带动客户在其他领域的低碳行动。

用户评价

“我觉得这个形式非常有意思，让我很直观地看到能耗信息，有一种参与感，我更愿意去节电，更愿意让自己为节能环保做贡献。”

“我们在房间里看见了低碳入住计划宣传单，本以为自己很省电了，退房时才发现只排在 72 名，还要努力节能。”

(四)经济用电，彰显企业的社会担当

作为一家提供电力服务的企业，杭州供电公司秉持绿色发展的理念，为客户提供经济的、绿色的电。“低碳入住计划”是杭州供电公司从消费侧出发，联合政府、酒店行业进行的一项富有社会意义的行动。从酒店用能监控改造和客户用能引导两方面入手，促动政府、企业、消费者之间建立互惠互利的共赢关系，为低碳发展贡献了供电企业的智慧和力量，在社会中具有示范效应。

未来展望

“低碳入住计划”作为一种“互联网 + 电力”跨界数据合作形式，在呼吁酒店和游客建立低碳意识，践行节能减排的同时，也应当充分考虑项目自身的经济内循环，来保证电网、政府、酒店、旅客多个利益相关方共赢共生的关系，从而保持其可持续、可推广性。

下一步，国网杭州供电公司还计划通过小程序的需求高速迭代、冠名赞助的广泛招商、多平台的针对推广，打造集周边餐饮打折、周边景区推荐、酒店加盟投票等功能于一体的社群化互联网服务体系，保证案例内招商盈利与奖励支出的正向推进，实现自身互联网属性产品的自运营。

三、专家点评

“低碳入住计划”是国网杭州供电公司结合公司工作本身，从小事入手，以解决可持续发展问题为目标，进行的积极尝试。

联合国全球契约组织总干事金丽莎（Lise Kingo）这样评价“低碳入住计划”：“中国国家电网公司是一家卓越的企业，为推动可持续发展提供了积极探索。”来自英国、

“低碳入住计划”在 2019 年 10 月 20 日的联合国总部全球契约领导人峰会上，得到了来自全球与会者的广泛赞誉

意大利、南非、新加坡、荷兰、丹麦、巴西、孟加拉国、斯里兰卡、黎巴嫩等数十个国家的代表纷纷表示，公司在消纳清洁能源、加快消除贫困等方面的创新举措令人振奋，希望公司分享更多的可持续发展成果。

无废世界

瀚蓝环境股份有限公司

化解邻避效应，破解固废围城

一、基本情况

公司简介

瀚蓝环境股份有限公司是一家专注于环境服务产业的上市公司（股票代码: 600323）, 业务领域涵盖固废处理、能源、供水、排水等，是中国环境企业五十强、中国垃圾焚烧发电企业十强，连续七年被评为全国固废处理十大影响力企业。公司以“共建人与自然和谐生活”为使命，秉持“城市好管家、行业好典范、社区好邻居”的社会责任理念，致力于实现“十年百城，最受信赖的生态环境服务企业”的愿景。到 2030 年，瀚蓝环境希望将业务范围拓展至 100 座城市，为 100 座城市提供优质的综合环境服务。

瀚蓝开创性地建设了社会综合成本最小化的集约型固废处理环保产业园，并坚持高品质建设运营，坚持公开透明、坦诚沟通，坚持言行一致，责任为先，与社区共建、与媒体共治，共享企业环保资产，有效消除邻避问题。十多年来，实现周边群众“零有效投诉 + 零上访”，开创园区“无围墙”和谐共融创举，获人民日报社等主流媒体点赞。

对标联合国可持续发展目标 11“建设包容、安全、有抵御灾害能力和可持续的城市和人类住区”，瀚蓝在减少城市的人均负面环境影响，包括特别关注空气质量以及城市固体废物管理，提供安全、绿色的公共空间，定期收集并处理城市固体废物等方面均有对应行动。

行动概要

在“垃圾围城”成为全球痛点和难题的时代，瀚蓝建设运营的佛山市南海固废处理环保产业园通过以下行动，成功打造环保设施“化解邻避”全国示范项目。

一是坚持长期主义。长期地投入解决社会和行业的痛点。经过十多年的探索，瀚蓝首创生活垃圾从源头到终端的全链条处理及园区内各项目协同处理模式，实现社会综合成本最小化和社会价值最大化。

二是用户思维。企业要主动从“供给侧”改革，把商业逻辑从“B2G”（B：企业，G：政府）模式升级为“B2G+C”（B：企业，G：政府，C：居民）模式。不仅要针对固废处理本身的痛点，更要关注居民用户面对固废处理的痛点，提供全面的解决方案，同步对政府与民众负责。

三是坦诚开放。瀚蓝实行开放、透明化管理，自觉接受社会监督，打造全国最早向公众开放的垃圾焚烧发电厂。在公众环境研究中心全球企业信息公开工作排名中，瀚蓝位居环保行业第一。

四是共建共赢。瀚蓝与社区各单位的交流、互动、合作成为常态，与周边单位建立战略合作关系，实施一系列的管理、资源开放和合作举措，使周边原本对立面的邻避群体逐渐变成了合作共同体。同时，在环保科普上加强投入，提升社区环保意识和认知，为行业解决邻避问题提供样本，促进行业整体发展。

二、案例主体内容

背景 / 问题

固体废物处理是实现城市高质量发展的关键一环，但由于以前的处理技术欠先进，设施落后，污染排放明显，固废处理设施在居民心中的形象总是不那么光鲜。为了打造美好的城市环境，政府必须建设落地这些环保设施，但市民虽然需要它们，却又对其怀有戒心，不愿意与之为邻。因此，“邻避问题”便成为横亘在固废处理设施与公众之间难以回避的话题，但又是城市高质量发展进程中不得不直面和解决的难题。

瀚蓝南海固废处理环保产业园，位于广东省佛山市南海区，是全国范围内唯一一个与社区高度融合、实现固体废物 100% 协同处理的环保产业园。其前身为南海环保发电厂，地处南海区高新区核心区域，2 千米范围内常住人口超过 10 万，有 5 所知名院校、2 个高科技产业园、3 个大型住宅小区、16 个自然村、2 个产业孵化器以及数十家知名高新技术科技企业，距离最近的广东轻工职业技术学院仅一墙之隔。谁能想到，这个与社区高度融合的环保产业园，也曾经遭受过非常严重的“邻避”困境。

南海固废处理环保产业园的前身——南海环保发电厂因自身运营问题一度被列入环保部的黑名单，周边居民自发成立组织反对项目继续运营，强烈要求项目搬迁；广东轻工职业技术学院更是与九三学社联名，向广东省政协递交项目搬迁提案。

行动方案

2006 年，瀚蓝接手后，开始了充满挑战的信任重塑之旅。经过多年的实践和探索，瀚蓝发现，“邻避”问题往往是由于缺乏信任导致的，要解决这一难题，必须以创新智慧突破其中的痛点，探索出受政府和民众等多方信赖的解决方案。南海固废处理环保产业园之所以能扭转乾坤，实现厂区与周边社区共生共荣，主要得益于以下几点实践经验：

1. 坚持长期主义

瀚蓝认为，固废处理项目具有 25~30 年的经营期，要长期与社区共存，所以要有长期主义的心态，以高标准严格管理。长期主义可能会带来短暂的阵痛，但会使企业走得更长远。

在建设南海固废处理环保产业园时，瀚蓝面临两个选择：一是以当时的国标为标准，能够符合监管要求；二是选择更高的欧盟标准，但面临更高昂的成本。基于对环保设施长期与社区和谐共存的理念，也基于行业未来发展的判断，瀚蓝选择了更高的标准。产业园内所有项目都选用先进的设备与技术，采用比国标更为严格的污染物排放标准。各项目全面运用数字化、信息化系统，为高水平运营奠定牢固的基础，使运营管理水平精准又高效。

2017 年，南海固废处理环保产业园项目作为政府环境托管服务典型案例，成为全国唯一一个获国家住房和城乡建设部推荐，入选中宣部“砥砺奋进的五年”大型成就展固废处理环保产业园项目。

2. 从用户思维出发

传统的垃圾处理行业模式是“B2G”，即政府向企业支付垃圾处理费，企业只对政府服务。但瀚蓝认为，民众才是环保服务的最终感知方，环保企业的客户不仅是政府，还应该包括民众。因此，解决固废问题，需要企业把商业逻辑升级为“B2G+C”模式，企业要主动从“供给侧”改革，同步对政府与民众负责。

以前垃圾焚烧厂散发臭味被认为是“不可避免”的，很少有人去思考如何让垃圾焚烧厂“不臭”。本着对周边居民、环境负责的态度，瀚蓝员工把厂区的每一个臭气因子都梳理了一遍，做了 100 多项大大小小的技术改动，最后把 400 个产生臭气的点逐一攻破。如将臭气用作焚烧炉的助燃气，实现废气循环，既解决了臭气的问题，也提升了资源利用率。又如瀚蓝对固废处理设施引入去工业化设计，如今产业园内充满艺术气息的厂房建筑和环保主题公园、设计理念新颖的环保科普馆，已经成为“网红打卡地”。在产业园与大学城相隔的“亲水河”中，甚至有白鹭栖息，环境优美得无法与垃圾处理联想起来。南海区把产业园打造为全国科普教育基地、广东省科普小镇、工业旅游景点，社会公众可以预约免费参观，每年都有来自国内、国外上万人前来接受环保科普教育。

瀚蓝下属南海固废处理环保产业园

产业园内的“地球蓝朋友 南海环保科普馆”

3. 坦诚开放

瀚蓝实行开放、透明化管理，自觉接受社会监督，下属的南海垃圾焚烧发电项目是全国最早向公众开放的垃圾焚烧发电厂。

通过多方位、多层次主动沟通，增进了解，建立互信。早期，为了使社区公众了解科学处理生活垃圾的知识，打消对垃圾焚烧项目的疑虑，瀚蓝邀请周边单位代表参观国内外优秀垃圾焚烧厂，邀请社区代表、专家、网友举办“垃圾围城、佛山如何破局”主题论坛，并首开垃圾焚烧项目建设前举行环评听证会的行业先河，倾听各界人士意见和建议，解答他们的疑惑。

建立信息共享和反馈机制，及时沟通，消除误解。在产业园发展的一段时期，园区周边曾出现异味较严重的情况，引起广东轻工职业技术学院师生投诉。为了查明异味真相，瀚蓝主动邀请学校师生、媒体和政府执法部门到焚烧厂检查，并与他们一道到园区周边查找异味源头，最后确定异味是由周边非法养猪场和非法废弃物回收作坊焚烧废旧电缆和工业垃圾引起的，消除了大家的误会。

通过开放、透明化管理、自觉接受社会监督。南海垃圾焚烧发电厂是行业内最早实行“装树联”的单位，至今已持续十余年。南海固废处理环保产业园是行业内最早引入第三方 24 小时全程监督的企业，也是最早向社会开放的单位，周边居民不论年龄、职业层级，均可担任环保监督员，随时到园区内检查。

通过“眼见为实”，提升了公众的信心，增强了公众对环保的感知和参与度。当年的“反对者”，如今已成为共同开展环保科普的“同盟军”。

4. 与社区共建共享

瀚蓝一直坚持“共建人与自然和谐生活”的企业使命，只有自己一家做环保，力量是不够的，要把“反对者”变成“同盟军”，汇聚更多的力量才能实现真正的共建。

2016 年，瀚蓝与邻近产业园的另一所高校——佛山科学技术学院签署了战略合作协议，共同编写与开发瀚蓝环境产业学院系列教材，共同设立环境学院，培育环保人才。先后与广东轻工职业技术学院和佛山科学技术学院开展产学研，签署校企合作框架协议，在环保人才培养、环保课题研究、工业旅游景点和“瀚蓝环境学院”建设等方面进行深层次合作。2017 年，瀚蓝与广东轻工职业技术学院开启广东省首条校企环保旅游线路并线贯通，实现了环保文化与工业旅游的有机融合。双方还共同打造了“校企环保教育基地”，在校内共建了“滨水长廊”项目，开创了中国垃圾焚烧的“无围墙”时代。

瀚蓝的每个环保项目都开放环保设施，提供环保科普宣教服务，为公众感受环保、学习环保、参与环保提供平台。

多重价值

运营层面：产业园内各项目不仅解决了南海 400 万居民每日产生的生活垃圾，解决了 24 座城市生活污水厂每日产生的污泥，同时也可以满足 60 万居民日常生活用电的需求，而且通过园区协同处理和资源共享模式，实现处理后中水 100% 自用，每年回收利用余热蒸汽近 12 吨，餐厨垃圾提炼可自用生物柴油超过 100 吨，每年节约运营费用超过 5000 万元。

社会层面：瀚蓝“化解邻避”的案例，得到了各地政府、市民、媒体等的高度认可，为推动国内的垃圾焚烧发电项目落地起到了重要的促进作用。产业园的“邻亲”“邻利”的局面更引起了较大的社会反响。

- 广东省委副书记、省长马兴瑞、香港特区政府环境局局长黄锦星等领导先后到访产业园，并肯定了“南海经验·瀚蓝模式”对解决“垃圾围城”问题的贡献。
- 广东省生态环境厅党组书记、副厅长周德全率全省 21 个地市的环境部门负责人到产业园参观学习。
- 广东省人大代表在调研产业园后，将产业园的经验写进了《广东省人民代表大会常务委员会关于居民生活垃圾集中处理设施选址工作的决定》。
- 广州、惠州、肇庆、江门等同类项目所在地的政府在项目建设前，均组织大批市民到产业园参观，了解目前国内先进的固废处理技术及模式。

通过类似举措成功地消除了民众心中的疑虑，并成功地推动了项目的落地建设。2018 年 7 月 21 日，《人民日报》头版以“以实力和透明破除‘邻避效应’”为题对南海固废处理环保产业园进行了报道。此外，南海固废处理环保产业园入选央视“生态文

人民日报

以实力和透明破除“邻避效应”

广东佛山市南海垃圾焚烧厂里臭味闻不到、废水零排放

· 刊登时间：2018年7月21日
· 刊登出处：人民日报-生态周刊第10版

盛夏时节，广东佛山市南海垃圾处理产业园区内绿树成荫、微风送爽。人们印象中脏不可近、臭不可闻的垃圾处理场，在这里变身为一道亮丽风景线。周边群众“零投诉、零上访”。

“邻避效应”在这里是怎样被破除的？
找到400个跟臭气有关的影响因素逐个攻克

生态周刊 10

曾经坚定的反对者不再担心污染问题了

《人民日报》报道瀚蓝先进邻避处理经验

明启示录”，被单集专门报道，成为生态环境部宣传生态文明建设的积极成果和正面形象案例，得到了周边院校师生、社区居民的认可。

- 广东轻工职业技术学院党委书记杜安国：“要不是我们和瀚蓝环境友好合作，把‘事故’变成‘故事’，恐怕就没有今天这个（环保人才培养、科研合作以及工业旅游并线的）机会了。”
- 广东轻工职业技术学院副教授秦文淑：“我们的学生都非常喜欢（固废处理环保产业园）这个基地，里面的环境十分好，就算站在垃圾坑旁边，都闻不到异味。”
- 周边社区居民碧姨：“产业园让社区环境变好，不再垃圾满天飞。瀚蓝的到来真的让周边环境改变了很多。”
- 周边社区居民陈叔：“瀚蓝环境来了之后，居民对垃圾发电厂的态度从非常不满逐渐变为非常满意，垃圾发电厂也经常照顾我们村民。”
- 周边社区居民兼公司员工唐剑生：“一开始我们都非常反感（垃圾发电厂），现在我和村里的几个兄弟都来园区工作了，大家已经把这里当作我们社区的重要组成部分。”

产业园成网红拍摄地，周边居民碧姨夫妻在园区内拍摄婚纱艺术照

未来展望

可持续发展是世界之路、中国之路、企业之路，是让世界更美好的必然选择。瀚蓝提出了“十年百城，最受信赖的生态环境服务企业”的愿景：到 2030 年实现服务 100 座城

市的可持续发展，并成为最受客户、用户、股东、合作伙伴、社区、员工等信赖的生态环境服务企业。

环保宣教需要所有人行动起来，共同推动“美丽中国”目标的早日实现。未来，瀚蓝将继续在原行动方案上不断深化，做好自身的自律运营，创新开展更多“邻利”型活动。瀚蓝也将开放更多环保设施，通过专业的环保志愿者队伍，把环保理念和知识带到全国各地。

三、专家点评

瀚蓝环境股份有限公司下属的佛山市南海固废处理环保产业园是垃圾焚烧行业化解“邻避”问题的行业典范案例，其成功经验具备可复制性，并因此成功协助多个同行项目解决因“邻避”而引致的垃圾焚烧项目落地难、运营难的问题。建议瀚蓝对各项有效的化解“邻避”行动进行更进一步的分析总结，形成一套系统化的垃圾焚烧项目“邻避”化解方法理论，帮助行业全面突破“邻避”效应这一痛点。

——中国产业发展促进会生物质能产业分会秘书长 张大勇

无废世界

E20 环境平台

让垃圾分类落地生根

一、基本情况

公司简介

E20 环境平台起始于 2000 年中国水网的创建，是智库引领的、具有广泛行业影响力的环境纵深生态平台。作为行业高端智库，E20 环境平台致力于生态文明和“绿水青山就是金山银山”理念下的理论研究和实践推动，撰写了《两山经济》《环境产业导论》《垃圾分类不简单》《发展的境界》等系列著作，发挥行业预判、顶层设计、协同创新的核心能力，长期为城市提供绿色发展咨询及从规划到落地的政策、技术、金融（财政）、营销（公众关系）、产业五元驱动系统解决方案，为环境企业、钢铁企业等提供基于大数据的绿色升级咨询及智慧管控赋能服务。

2019 年以来，在太原市政府的支持下，作为太原可持续发展和城市环境治理的智库机构，成立了太原易二零环境有限公司。以资源型城市转型升级为方向，致力于城市可持续发展系统方案的顶层设计和理论提升，推动相关标准、评估等过程管控机制建立，并以推动资源型城市垃圾分类“落地生根”为关键领域，打造价值奇点，为太原提供城市可持续发展的系统服务。

“让垃圾分类落地生根”按照资源型城市可持续发展的要求，基于太原市经济发展水平和现有环卫基础设施，聚焦联合国可持续发展目标 11，即建设包容、安全、有抵御灾害能力和可持续的城市和人类住区，围绕制约垃圾分类落地的核心问题，运用完善的制度设计、精细化的管理工具，实现垃圾分类体系稳定、有序、高效的运行，从而推动城市治理体系和治理能力的现代化。

行动概要

近年来，推进生活垃圾分类工作已经引起党中央、国务院以及各级政府的高度重视。2019 年 6 月 3 日，习近平总书记对垃圾分类工作再次作出重要指示，“实行垃圾分类，关系广大人民群众生活环境，关系节约使用资源，也是社会文明水平的一个重要体现”，将垃圾分类提高到国家战略高度。不可否认，随着垃圾产生量不断增长，垃圾分类已经成为完善城市功能，提升城市品位，优化人居环境，持续增强人民群众获得感、幸福感和安全感，不断满足人民对美好生活向往的新时代的迫切需要。继 2017 年太原市成为国家 46 个垃圾分类先行城市之后，于 2018 年成为我国首批国家可持续发展议程创新示范区，积极探索资源型城市转型升级的适用技术路线和系统解决方案，成为摆在太原面前的一道难题，也是一个迎头赶上的机遇。

由 E20 环境平台牵头，依托太原市可持续发展重大专项课题——《可持续发展战略下的资源型城市垃圾分类体系研究与示范》，以“创新、生态、低碳、宜居、幸福”为目标：①通过理论研究、政策制定、实施路径、发展模式、智慧管控、社会动员六个维度为太原市提供一套有理论、有工具、有实践效果的“全域化”垃圾分类行动解决方案；②形成具有太原特色的生活垃圾分类“4+2”模式，促进城市可持续发展，提高城市生态环境质量，提升城市宜居水平；③构建“财力可承受、百姓可接受，模式可复制”的垃圾分类方法论和长效机制，成为资源型城市实现可持续的城市及人类居住区的“金钥匙”。

二、案例主体内容

背景 / 问题

垃圾分类是一项系统工程，是一场革命性的绿色转型，是实现生态循环的前提条件，是城市可持续发展的重要抓手；是提高资源化水平的产业要求，是社会文明水准的直接体现；更是维护人民利益、维护党的执政初心的必要举措。全面推行垃圾分类，是系统性提高我国城市生活垃圾综合管理水平，建设可持续发展城市，全面建设生态文明社会的重要信号。习近平总书记在中央全面深化改革委员会第十五次会议中明确提出："要从落实城市主体责任、推动群众习惯养成、加快分类设施建设、完善配套支持政策等方面入手，加快构建以法治为基础、政府推动、全民参与、城乡统筹、因地制宜的垃圾分类长效机制，树立科学理念，分类指导，加强全链条管理。"

太原市作为山西省省会，于 2015 年入选国家首批生活垃圾分类示范城市，切实加快垃圾处理处置能力建设。2017 年 10 月，太原市人民政府印发了《太原市生活垃圾分类实施方案的通知》，明确要求到 2020 年，在公共机构、相关企业全面开展生活垃圾分类，建立完善各类垃圾"分类投放、分类收集、分类运输、分类处理"体系和终端处理设施，垃圾分类回收利用率达到 35%；2018 年 7 月召开了太原市生活垃圾分类工作推进会议，强调 2018 年底要全部推行垃圾强制分类工作。

自太原成为国务院正式批复的首批国家可持续发展议程创新示范区以来，紧紧围绕"探索适用技术路线和系统解决方案，形成可操作、可复制、可推广的有效模式，对全国资源型地区转型发展发挥示范效应，为落实 2030 年可持续发展议程提供实践经验"的任务使命，积极探索适用性生活垃圾分类和处理处置技术和模式，加快相应设施设备建设，在建设可持续发展城市的道路上迈出坚实的一步。

通过太原市市容环卫局调研和现场调查，太原市生活垃圾还是全部依靠卫生填埋和焚烧的方式进行处理，已不能适应新的形势发展和解决垃圾对人和生态环境造成的严重危害。垃圾分类作为全新的多方主体参与、涉及环节众多、改变理念行动的综合治理工程，太原在前期探索中遇到了较多问题。怎么分、谁来分、如何建、如何管，是开展垃圾分类的首要工作。因此，为进一步推动城市生态文明建设，提升城市环境品质，加强垃圾有效回收与资源化处理，达到理想的处置效果，亟须寻求适合太原市可持续发展的生活垃圾分类模式。

行动方案

1. 构建垃圾分类的理论基础

没有调查就没有发言权。研究团队入驻太原后，首先进行了垃圾源头产量调研。在全市选择 5 个小区，120 个家庭作为调研样本，给这些家庭发放统一计量器具、垃圾桶、垃圾袋，每天对这些家庭产生的 11 类垃圾进行称重，持续 1 个月，初步得出了精确的太原市家庭垃圾组分比例。

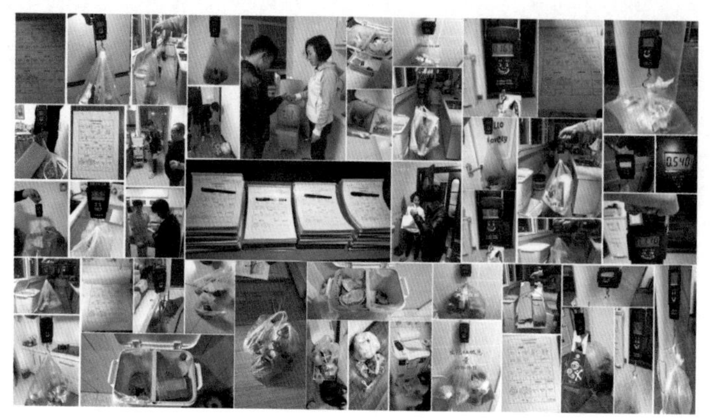

太原居民垃圾源头入户调研

基于太原实践和现场调研，在系统研究国外典型垃圾分类模式、经验教训、国内垃圾分类政策以及国内有代表性城市的垃圾分类模式的基础上，E20 研究院从无害化、资源化的基本要求出发，探求支撑太原社会治理结构升级和垃圾分类新时尚的落地路径，提出中国垃圾分类的本质、规律和影响垃圾分类的因素，提炼实施垃圾分类的重要原则、支撑因素和系统方法论，从金融、政策、产业、技术等维度建立起系统支撑体系，推动形成政府、企业、民众多维良性互动的垃圾分类长效机制。

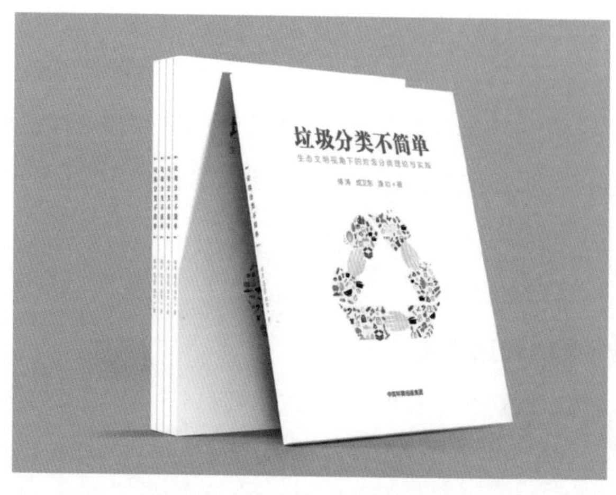

撰写并出版《垃圾分类不简单》

2. 提出太原市垃圾分类“4+2”模式

根据国家对试点城市的要求，结合太原城市发展特点，对垃圾产生、收运和处理现状以及未来规划开展深入调研分析，形成太原垃圾分类可能达成的目标与模式，开展太原垃圾分类的驱动因素和运营机制的研究，建立了一套垃圾分类的理论体系和方法论，这个方法论就是 2 个原则、5 个驱动力量、2 个联动机制和 8 个步骤，并根据此理论提出了太原垃圾分类的总体模式、前端推动模式和末端设施的建设模式，这个行动解决了太原垃圾分类的方向性问题和结构性问题。

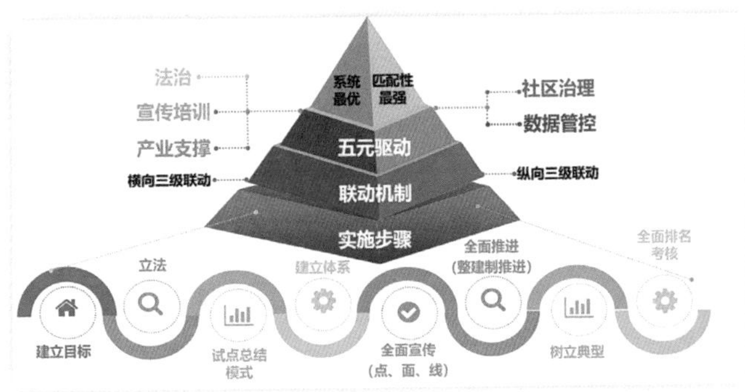

太原垃圾分类指导方法论

3. 形成垃圾分类的政策体系

为配合太原市垃圾分类的全面推开，基于太原垃圾分类模式研究成果，从实践层面，结合国家和山西省的具体要求，围绕太原市垃圾分类的总体目标和阶段性目标，提出了一

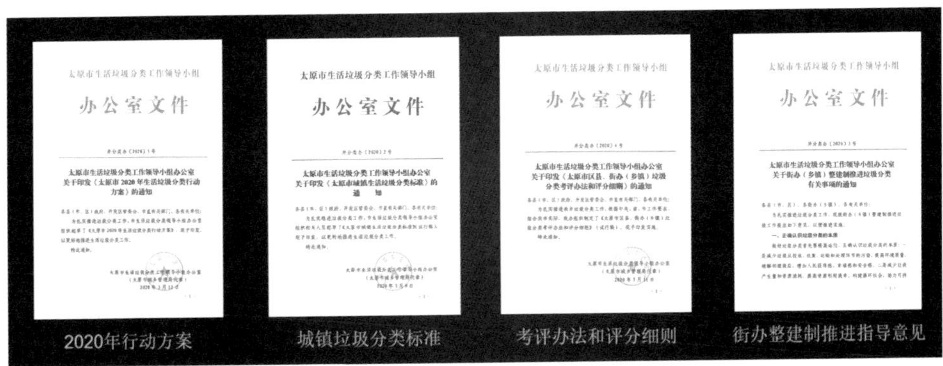

垃圾分类系统解决方案部分成果

套系统解决方案，我们称之为3331工程：3个方案、3个配套制度、3个标准和1个智慧管控系统，解决了怎么干的问题，为在全市大范围推开工作奠定了科学、完备的政策制度体系基础。

4. 建立垃圾分类的实施路径

对太原市的垃圾分类进行顶层设计，包括目标、驱动因素和运营机制、路径和落地方法等，即以全程减量为基础，以焚烧处理为核心，以厨余垃圾“精分”、协同处理为关键路径，以可回收物“小循环”和规范管理为资源回收重点方向为特征的分类投放、分类收集、分类运输、分类处理的总体模式；提出以街道办事处为单元，引进有实力、有品牌的专业公司，建立“第三方＋物业＋社区”的全面推进模式。

5. 构筑垃圾分类的发展模式

以“集中＋分散”的厨余垃圾资源化利用体系为切入点，构筑“核心企业—产业链—产业集群—产业基地”的发展模式，对“集中”模式处理不能及时收运和不能完全覆盖区域的厨余垃圾进行就地资源化利用，研发出中小型一体化的厨余垃圾处理设施，根据不同规模单元和实施主体特点，选择典型街道和小区，建设分散式且具有宣教功能的生活垃圾源头分类、就地处理及资源化利用示范工程，形成可复制、可推广模式，从而实现了厨余垃圾的全覆盖、全处理和资源化，实现产业系统优、成本控制好、百姓得实惠，资源可持续利用的处理系统。通过“建链—补链—强链—延链”，最终实现能源资源的最优匹配，使垃圾分类产业链条形成闭环。通过建立静脉产业园区，整合资源流、信息流，形成节能、低碳、协同、高效的处置产业闭环。

6. 打造垃圾分类的智慧工具

围绕精细化管理目标，根据太原市垃圾分类模式和管理主体、实施主体、参与主体的特点，对垃圾投放人的行为模式进行量化研究，发现规律，对现有的投放点位设置、设施配置、资源分配、管理调度进行优化，形成管理简便、过程清晰、系统高效的“科技＋管理”模式。探索建立投放端垃圾分类智慧管控，并与已有收运端、处置端太原环卫智慧管控平台融合，使垃圾分类标准化、流程化、简单化，实现垃圾处理全链条管控，为前端容器配置、规范收运体系、终端设施建设提供决策依据。

垃圾分类管控系统

在试点区域利用数据采集设施、智能监控设施、数据传输设施，对居民投放行为、现场督导行为、分类清运情况、设施运行状况等数据进行采集，并结合居民特征对所采集的各类数据进行融合分析，形成太原市垃圾分类居民行为数据模型。应用时只需录入人群特征数据，即可对全市各区域的垃圾产生量、投放时间合理性、宣传手段有效性、投放点设置合理性、清运周期频次合理性、考核目标设置等进行系统推荐与评测。为提升全市垃圾分类推进成效，提高环卫体系资源调度效率提供数据支撑。

7. 开展垃圾分类的文化建设

注重理念引领，指导策划系统宣传方案。梳理修订指导手册、对接开展网络直播、组织参与宣传培训、联络媒体持续发声，通过多维度、多层次、高频率的宣传，潜移默化地使垃圾分类理念深入人心。研究团队按照不同对象编制垃圾分类教材，对党政机关、区县城管局、街道办事处、社区、行业主管部门及第三方专业机构等，提供有针对性的培训和现场指导，提高他们的认知水平和操作水平，以事半功倍的方式推动垃圾分类的全覆盖、全链条和全社会参与。2019~2020 年，共编制通用教材 3 本，制作个性化的课件 15 个，组织区县、党政机关等培训 25 场，街办、社区现场指导 15 次，受邀电视台访谈 3 次，网络直播 2 次，参加现场培训人员 3000 人以上，通过网络电视媒体等影响人数达 10 万以上。

山西省垃圾处理行业培训

垃圾分类收集屋

多重价值

通过以上系列动作，实现了关键节点突破，全方位开花结果的良好态势。

第一，没有抄作业，找到一条系统优、匹配性强的实施路径。设计适合太原城市特点的垃圾分类系统优、匹配性强的模式和相应的配套政策、标准，以及垃圾分类前端智慧管控平台将帮助政府用较低的财政和资源投入建立全面、高效的垃圾分类全流程处理体系。

第二，有效改善太原市终端处理垃圾的品质，提高焚烧效率，减少对大气的污染排放，将垃圾中的有机质还原到土壤中，通过减少最终的填埋量减少对土壤、水和空气的污染，化解邻避效应，提升城市的整体宜居水平，最终提升老百姓的安全感、获得感和得到感。

第三，通过建立完善垃圾分类督导员体系等，预计为太原市新增上万个就业岗位，可有效解决部分社会人员就近就业问题。

第四，通过垃圾分类智慧管控系统帮助市、区县、街道、社区、小区建立良好的基层社会治理体系，增强治理能力，助力全市树立可持续发展的绿色生活理念，提升公众的生态文明和可持续发展意识。

> 我是太原市一名普普通通的市民，目前就住于小店区滨东花园小区，自 2010 年入住以来，这个小区带给了我很多生活的便利和乐趣，当然也有一些失望。对于我来说，无论是居住的小区还是生活的城市，都希望能够如花园一般干净整洁，给人以心旷神怡的感受。从 2019 年 8 月开始，我的这个梦想，居然被一群“搞垃圾”的人给实现了。
>
> ——**太原市市民**

2019 年 8 月，小店区滨东花园、平阳景苑成为太原市推广“撤桶并站、定时定点、分类投放、桶边督导”的垃圾分类模式示范试点，山西省委省政府、太原市委市政府，人大领导多次调研，河北邯郸市，宁夏银川市，山西朔州市、吕梁市、太谷县等地相关领导参观学习。

未来展望

E20 环境平台坚持立足当地、放眼全国、因地制宜、科学求实的态度，从理论指导、制度规范、关键节点、管控平台、关键少数五个维度打造出一把让垃圾分类落地生根的“金钥匙”，以人民为中心，让人民群众更好地享受绿色带来的诗意生活。

三、专家点评

1. 国家住建部评价

太原的垃圾分类模式符合国家的政策要求，厨余垃圾“精分”为国内厨余垃圾处理提供了一条新的解决思路。

2. 山西省住建厅和地级市县评价

山西省住建厅非常认可《垃圾分类不简单》理论体系指导太原垃圾分类实践所形成的成果，对制定《山西省垃圾分类管理规定》有借鉴。邀请 E20 环境平台为山西省 11 个地级市垃圾分类管理干部开展培训，学员普遍反映理论体系强，系统解决方案对地市垃圾分类有很强的指导意义。

无废世界

美团外卖

青山计划——驱动外卖行业环保进程

可持续发展
目标

一、基本情况

公司简介

美团外卖是美团旗下的网络订餐平台，于 2013 年 11 月正式上线，秉承“帮大家吃得更好，生活更好”的企业使命，始终聚焦于消费者“吃”的需求，致力于运用数字化技术推动餐饮行业的供给侧结构性改革，协同商家、用户和骑手等产业链上下游共同打造互惠共赢的合作生态，让餐饮行业在数字化时代焕发新生机，让消费者拥有更轻松、便捷、高效的用餐体验。

青山计划的推进和实施聚焦在支持联合国可持续发展目标 12“负责任消费和生产”，通过全链条地推动前端包装材料升级替代、后端塑料餐盒回收及循环再造，推动资源的可持续高效利用，促使上下游更加负责任地开展商业运营活动，唤醒公众环保意识，带动和激励可持续消费，助力建设资源节约型、环境友好型社会。同步推进贡献目标 8“体面工作和经济增长”及目标 11“可持续城市和社区”，促进持久、包容和可持续经济增长和社区建设。

行动概要

随着外卖行业的快速发展，应用网络订餐成为越来越多人选择的就餐方式。但与此同时，其衍生的环境问题备受关注。为加快推动外卖行业环保进程，2017 年 8 月，美团外卖启动了行业首个关注环保的行动计划——青山计划。青山计划从一次性餐盒的使用、回收、循环、再利用等多维度进行创造性的探索和尝试，打通了从源头减量、废弃物回收、循环制造再到规模应用的完整链条，为非必要包装减量、绿色包装替换和餐盒循环再生产业化升级提供了宝贵样本。同时，利用自身的影响力、连接力，更好地帮助推广环保理念、垃圾减量，推动负责任生产和消费，全力帮助解决一次性餐盒塑料等环保问题。

2018 年 8 月，青山计划提出了 2020 年目标：①携手 100 家以上外卖包装合作伙伴，寻求新的包装解决方案，尽可能地减少塑料外卖餐盒的废弃；②联合 100 家以上循环经济合作伙伴，开展 100 家以上垃圾回收与循环利用试点，探寻行业可持续发展之路；③汇聚超过 10 万家青山公益商家，通过青山基金和美团公益平台支持社会公益组织，发展环保公益。

2020 年 8 月，青山计划 2020 年目标均已超额完成，累计携手 110 家包装合作伙伴，全力支持包装创新孵化；联合 350 家循环经济合作伙伴，塑料餐盒规模化回收再生探索初具成效；汇聚 24 万青山公益商家。截至 2020 年底，青山计划在线宣传环保理念触达超过 10 亿人次，线下环保体验活动参与超过 100 万人次；在全国范围内向商家投放全生物降解包装袋 2000 万个、纸质餐盒 100 万个、可循环使用餐具套装 1 万套；“外卖包装创新产品孵化项目”孵化的首批共计 20 款近 35 万份全生物降解包装已被商家免费领取试用；同时平台汇聚超过 35 万商家成为青山公益商家，累计捐赠 1400 万元投入环保公益事业。

二、案例主体内容

背景 / 问题

习近平主席提出的“绿水青山就是金山银山”，是新时代中国特色社会主义生态文明建设的行动指南。近年来，社会各界力量围绕绿色发展主题，从多个领域不断推动全社会实践社会主义经济的可持续发展。外卖行业作为伴随数字时代诞生的新行业，在为大家提供更便捷的就餐服务时，也引发人们对一次性餐具使用过多、塑料餐盒易造成污染等问题的思考。探索行业的环保解决方案迫在眉睫。

行动方案

外卖行业环保问题主要集中在一次性包装、餐具废弃物上，从源头进行减量、减少进入终端环节的废弃物，并对其妥善处置是解决问题的关键。美团外卖与中华环境保护基金会发起成立青山环保专家顾问团，开展环保路径研究，并联动商家、包装厂商、后端收运企业等生态伙伴，打造了从源头减量、包装升级、分类回收，到循环再生的全生命周期环保链条，引导全产业链探索并推进行业可持续发展。

为彻底了解外卖对环境的影响，开展外卖全生命周期环境影响研究，通过对外卖环保工作的定量研究及定性分析产出客观科学的工作标准及路径，制定行动纲领和重点问题的解决方案。发布行业首份《外卖包装常识科普报告》《外卖行业环保洞察报告》等，从基本认知、行业趋势、创新方案等维度进行专项解读，提升商家、消费者等科学认知水平。基于青山环保专家顾问团的组建，启动了“环保顾问团专家观点栏目”，搭建研讨平台，思维碰撞产生更多能量。

成立环保专家顾问团

追踪分析外卖垃圾的全生命周期，从源头减量到回收再生探索建立科学闭环环保链条。自2017年起于外卖点餐环节设置“不需要餐具”选项，制定无需餐具商家规则，并在“美团外卖环保日”对执行情况较好的商家进行推广宣传，促进一次性餐具减量。2019年配合该选项上线环保行为能量捐功能，用户选择“无需餐具”，则可获得公益能量激励。为满足商户选购环保材料的需求，在商户端平台服务市场设立“环保包装专区”供商户自愿选择。在多个城市投放环保餐具及包装，联合合作方共同设计开发零塑披萨盒、手机壳等新型包装等。上线美团外卖垃圾分类助手工具，配合各地垃圾分类政策，在全国开展涵盖校园、社区、写字楼、餐饮门店等多种场景的 350 多个垃圾分类及餐盒回收试点，致力于塑料循环体系建设，把废弃餐盒再造成共享单车挡泥板、名片、钥匙扣等。

作为连接商家、消费者的纽带，美团外卖持续加强对消费者的引导激励，开展“线上 + 线下”全方位环保理念宣传、推广和倡导，优化产品功能和运营体系，促进用户践行无需餐具、杜绝浪费等可持续消费行为。“无需餐具”功能上线以来，消费者的环保意识得到显著提升。2020 年，消费者选择“无需餐具”的环保订单较 2019 年同比增长 120%。

首批绿色包装推荐名录在 2020 中国包装容器展发布，并举办“推荐名录包装产品展示活动”

公益林项目落地云南文山州板蚌乡麻栗村

编发《可持续商户指南》，从食材供应、外卖包装、能效管理、后端处理等维度，引导和提升商户可持续运营水平。其不仅成为了餐饮商家可直接应用的工具，也计划进一步推广至其他类型商户。协同制定上海市餐饮服务（网络）外卖（外带）送餐盒系列团体标准并支持推广，参与《一次性可降解 / 不可降解塑料餐饮具通用技术要求》等国家标准制定，协同推动整个生态圈实现健康、有序发展。

青山计划联合中华环境保护基金会设立“青山计划专项基金”，通过青山公益行动与商户共同支持环保公益项目，支持环保社会组织在青海、贵州及云南等地种植和养护生态经济林。

多重价值

青山计划致力突破外卖行业环保问题所面临的技术瓶颈，从全生命周期视角探索出一条系统化的行业绿色发展之路。在建立外卖行业全生命周期环境影响评估的科学认知、呼吁和推动行业生态相关方共同解决环境问题、加强消费者环保宣传教育等方面做出了创新探索，初步形成行业绿色化转型的解决方案。

截至 2020 年底，超过 10 亿人次参与了青山计划线上线下环保宣传及体验活动，加速了可持续消费进程；建立了行业首个绿色包装推荐名录，供外卖平台餐饮商户选择，为外卖行业绿色供应链建设提供支撑；设置了 350 余个塑料餐盒回收试点，覆盖写字楼、社区、校园、景区、大型活动、商家门店 6 大场景，规模化回收再生探索初具成效，部分试点回收率达 74%；利用青山计划专项基金，在云南、甘肃、内蒙古、青海等 9 省种下超过 3000 亩的生态经济林，种植了超过 17 万株树苗 / 果苗，修复了 400 亩草地，改良了 5.7 万棵树木；生态经济林项目中直接受益的建档立卡贫困户超过 1800 户，影响 15000 余人，进一步提升了低收入人口的内生发展能力。

对于外卖行业来说，青山计划注重市场机制的形成和标准工具沉淀，推动各方达成共识，支持新型材质研发与技术突破，推动新技术和新产品的市场应用，通过合理的机制设计促进消费行为的改变，加速行业升级。目前，行业绿色包装规模不断扩大、参与主体越来越多，可持续性显著。

对于美团外卖来说，青山计划获得利益相关方的认可与肯定，进一步提升了自身的品牌美誉度和影响力，子项目“青山计划公益林”荣获“因爱同行”2018 网络公益年度项目奖；青山计划塑料循环制品获得 2019 中国国际循环展“再生塑料创新应用 TOP10”奖项；青山计划荣获 2019 年第四届“αi 社会价值共创”中国企业社会责任案例卓越奖、2019 全国工商联中国民营企业社会责任优秀案例、生态环境部“美丽中国，我是行动者”的“2020 年十佳公众参与案例”等。

未来展望

随着新环保政策、法律法规的落地实施，外卖行业包装将面临新的技术、成本、市场等各方面的挑战。结合政策要求，美团外卖制定针对性的举措，寻找更加切实可行的突破口，由点及面，循序渐进。面向未来，美团外卖将继续携手合作伙伴，联动生态，发起“可持续包装、可持续商户、可持续消费”三大项目，发起青山计划 2025 目标。

第一，建设绿色包装供应链，为商家提供外卖包装可回收、可降解或可重复使用的解决方案。

第二，促进回收再生市场化机制建设，联动产业上下游在全国 20 个以上省份建立常态化餐盒回收体系。

第三，加强消费者引导激励，优化产品功能和运营体系，促进 1 亿用户践行无需餐具等可持续消费行为。

三、专家点评

作为美团环保公益领域战略合作伙伴，中华环境保护基金会和青山计划共同走过了助力精准脱贫攻坚、探索互联网餐饮外卖平台环保路径的三年难忘历程。相信未来，青山计划必将在生态环境保护、社会治理体系现代化建设方面发挥更大的作用。

——中华环境保护基金会理事长 徐光

青山计划三年来在促进外卖行业可持续发展工作中发挥了积极作用，且成效显著。我们希望美团外卖：继续发挥平台优势，践行社会责任，积极培育外卖行业环保创新模式，联合上下游企业协同打造绿色供应链，发展循环经济，减少一次性不可降解塑料使用和废弃。通过青山计划的实施，有效地促使全社会逐步形成绿色生活新风尚。

——中国循环经济协会常务副会长 赵凯

美团青山计划在摸清行业包装物代谢流动的基本现状、建立全生命周期环境影响评估的科学认知视角、呼吁产业链上下游主体共同承担环境责任、加强消费者环保宣传教育等方面做出了探索，取得了积极的成效。回顾三年来的行动，仍然要清醒地意识到包含外卖行业在内的塑料污染治理攻坚战任重道远，需要社会各界携手同行，进一步勾勒更具体可操作的目标路径、设计更因地制宜的多样政策、推进更自主合理的商业模式、建立更明确可溯的产业链主体环境责任承担机制。

——清华大学环境学院教授 温宗国

无废世界

可持续发展目标

赛得利

拥抱可持续时尚 打造循环经济模式

一、基本情况

公司简介

赛得利是全球最大的纤维素纤维生产商。纤维素纤维源自天然，广泛应用于纺织类和无纺类产品如婴儿湿巾和个人卫生护理用品。

为更好地服务全球纤维素纤维行业发展最大最快的中国市场，赛得利在中国设立了四家纤维素纤维工厂(旗下运营管理五家工厂)，另有一家莱赛尔工厂、一家纱线工厂和水刺无纺布工厂，纤维素纤维的产能达 150 万吨；与此同时，赛得利通过新建、收购正在继续扩大产能。公司总部设立于上海，为亚洲、欧洲和美国市场提供覆盖完整的营销网络和客户服务。

赛得利致力于可持续发展,是中国率先签署“建立绿色企业宣言”的公司。赛得利集团积极促进负责任的森林管理，在获得 PEFC-COC 产销监管链认证的同时，于 2015 年 6 月正式颁布木浆采购政策，并不断改进，与供应商共同推动木浆全球供应链的可持续发展。

行动概要

为推动废旧纺织品的资源化，减少废弃纺织品造成的环境污染和资源浪费，赛得利通过自主研发，利用消费后纺织废料（如牛仔裤、T 恤等旧衣物）生产出 FINEX 纤生代™ 再生循环纤维，开启了“资源—

产品—消费—再生资源”的循环产业路径，为时尚产业可持续发展提供新的解决方案。赛得利已成功利用纺织废料生产出纤维素纤维，并具备了大规模商业量产能力。

“可持续创新，构建未来——赛得利之夜”品牌活动

二、案例主体内容

背景 / 问题

生产一件棉质衬衫需要 2700 升水，时尚业制造的碳排放比航空业和船运业加起来还多……时尚制造业已成为仅次于石油行业的全球第二大污染源。日益严峻的气候变化形势让时尚产业受到了社会的高度关注。

中国是全球最大的纺织服装生产国和出口国，也是全球最大的纺织服装消费市场之一。在“快时尚”观念的影响下，纺织品更新频率越来越快，更新数量越来越大，超过 50% 的快时尚服装会在 1 年内被丢弃，废旧纺织品的回收再利用成为急需解决的问题。据推算，2020 年全国衣服废弃总量将达 3000 万吨，而这些废弃纺织品大都被焚烧、填埋处理，再利用率不到 1%，造成了极大的环境污染和资源浪费。与此同时，纺织业却饱受原料供应紧张困扰，纺织原材料的进口率高达 65% 以上。

与此同时，随着资源环境约束问题的进一步突出，国家不断加速纺织服装行业循环经济发展的系统转型。2013 年，国家出台的《循环经济发展战略及近期行动计划》明确指出，纺织工业应加快开发替代石油的生物质纺织纤维材料，推动废旧纺织品再生利用规范化发展。2017 年，《循环发展引领行动》提出了推进废旧纺织品资源化利用及纺织企业在生产环节推广使用再生材料等发展方向。使用废旧纺织品生产的“循环再生纤维素纤维”为国家循环经济战略的转型提供了探索性的产业实践和解决方案。

另外，大量研究表明，消费者的消费观念已经渐渐发生变化，时尚品牌的可持续性正在成为消费者重要的选择标准。为此，对于时尚行业而言，进行可持续发展实践其实不仅是保护环境、减少资源浪费的公益之举，更是推动行业创新、价值创造并打动新一代消费者的重要商业战略，是自身适应可持续发展潮流的必然选择。

推进时装产业的可持续已经成为整个社会及时尚品牌自身最关切的问题。近年来，处于风口浪尖的快时尚面对严重的环境和道德挑战，只有敏锐地捕捉到行业的变化和社会趋势，才能免遭淘汰出局。以往回收衣服、以旧换新等措施，只是治标不治本，并未真正减少对环境的污染。赛得利作为行业领导者，从循环经济的理念出发，针对大量的废旧纺织品，寻找从根源上减少服装生产带来的环境污染问题、拥抱可持续时尚的钥匙。

行动方案

虽然可持续时尚已经达成更广泛的共识，但是要做出有效的改变并不容易，以可持续发展理念为指引，时尚产业要做到经济效益、社会效益与环境效益的协同发展，面临巨大挑战。作为行业领导者，赛得利积极响应联合国可持续发展目标，主动以可持续发展为指引，从长远发展出发，快速响应全球可持续时尚的发展趋势，在实践中探索创新，找到了打开时尚身处的污染困境的钥匙——以循环经济模式为导向、从供应链端积极推进时尚产业的可持续改革，重塑时尚发展新模式，提供创新的可持续的产品和解决方案，开启了“资源—产品—消费—再生资源”的循环产业路径,成功地将可循环利用、减少环境污染、满足消费者的美好

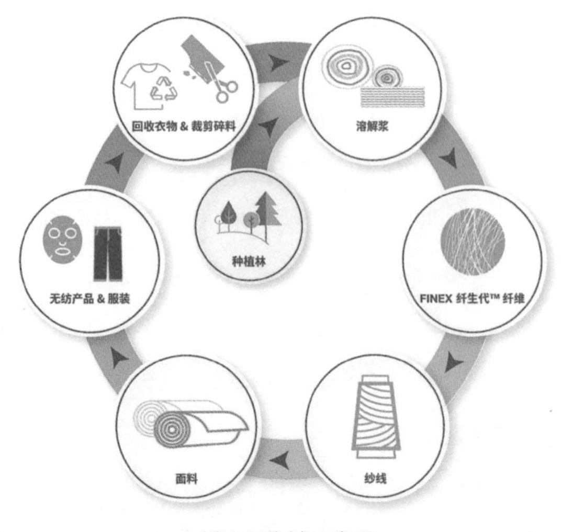

循环再生链示意图

生活需求与企业商业利益合为一体。

（1）找准可循环利用的材料。再生纤维素纤维（Viscose）取自天然材质（如树木、竹子等）中的纤维素，其具备的可降解特性，使其成为使用石化原料的人造纤维，以及在生产过程中耗水量巨大的棉纤维的替代产品，成为目前应用最多、最广泛的纤维之一。再生纤维素纤维是一种天然和可持续的原材料，被广泛运用于纺织品、婴儿湿巾和个人卫生用品等日用品生产中。

（2）找准优质供应商合作。再生纤维素纤维涉及原材料生产，需要借助供应商的力量。自 2019 年 6 月起，赛得利与世界最大的浆粕供应商 Sodar 集团展开深度合作，以废弃纺织物（如牛仔裤、T 恤、酒店布草等消费后纺织品）生产的回收溶解浆为原料，生产再生纤维素纤维。赛得利通过自主研发，实现循环再生纤维素纤维的工业化生产。目前，赛得利（江苏）纤维有限公司已开始生产和销售循环再生纤维素纤维——FINEX 纤生代™ 纤维，产品成功获得了回收声明标准（Recycled Claim Standard，RCS）认证。

（3）打造循环利用模式，解决再生技术和商业化难题。要让可持续时尚的理念落地，并非一蹴而就，而是需要从生产、研发、生产到应用各个环节的同步推进，环环相扣，才能实现产品的变革。

首先是浆料的筛选测试。赛得利研发团队与 Sodar 集团合作，经过不断测试、比对、沟通，最终确定了以废旧家纺、牛仔布生产的回收浆作为循环再生纤维素纤维的原料。

其次是生产工艺研发。赛得利研发团队通过对浸渍、压榨、老成、黄化等工艺的逐步调整、创新，探索出了适合回收浆工业化生产再生纤维素纤维的新技术。与此同时，研发团队以最终纤维成品的质量为依据，逐步提高回收浆使用比例，实现了从 1% 回收浆用量到 20% 用量的技术突破。

再次是工业化生产。目前，赛得利已经成功研发不低于 20% 的回收浆原料生产循环再生纤维素纤维的工艺。用此纤维生产的面料具有与普通纤维素纤维产品相似的各方面服用性能，具有亲肤、吸湿、透气等优点，适合与其他各种纤维产品混纺或者纯纺交织，赋予面料鲜明柔亮的色泽和别具一格的风格。赛得利将持续探索新工艺，旨在早日实现 100% 回收浆工业化生产再生纤维素纤维的目标；同时不断加大与上游浆粕生产商的合作研发，推动整个循环再生纤维素纤维产业的持续发展。

最后是下游应用。从 2020 年 4 月开始，赛得利与新锐设计师品牌 RICOLEE 和法国户外品牌 LAFUMA 展开深度合作，陆续推出了以 FINEX 纤生代™纤维为原料的服装产品，受到了广泛关注。目前，越来越多的国际品牌，特别是运动品牌，开始寻求与赛得利合作，推出了更多的循环再生纤维素纤维服装。

在当前可持续发展潮流下，赛得利用长远的目光和有效的行动正在为可持续时尚找到出路。赛得利结合自身情况，成功找到了可持续时尚的突破口和着力点——推动废旧纺织品的资源化，纺织行业全产业链应加强协作，从废旧纺织品的回收分拣、纤维提取及生产、纱线织造到终端品牌，在上游加大对循环再利用纤维生产工艺和技术的创新研发，在下游不断推动可持续消费的意识和需求，实现全产业升级和增值。

多重价值

将纺织废弃物再生为纤维素纤维是一项新兴技术，具有很大的挑战性，需要在工业化生产和保持高质量之间找到平衡。这一技术的突破和产品的商业化可满足时尚界对更可持续纺织纤维生产的期望。

赛得利研发团队与上游浆粕生产商建立深度合作，通过反复试验磨合，找到了适合的回收浆品类，同时通过对自身工艺的不断探索，实现了高品质循环再生纤维素纤维的工业化生产。赛得利总裁张文涛表示，赛得利已经准备好并有能力扩大生产，以响应市场需求。它作为具有创新的可持续产品和解决方案，将带来多重价值，满足多重需求。

第一，低碳效益。国际回收局（Bureau of International Recycling，BIR）2008 年在瑞典哥本哈根大学进行研究得出结论：每使用 1 千克废旧纺织物，就可以降低 3.6 千克的二氧化碳排放量，节约水 6000 升，减少使用 0.3 千克的化肥和 0.2 千克的农药。循环再生纤维素纤维——FINEX 纤生代™纤维的生产中使用由废旧纺织品制成的木浆，与原生材料的加工生产相比，明显减少了二氧化碳的排放，符合联合国可持续发展目标 12 负责任消费和生产与目标 13 气候行动的要求。

第二，经济效益。据测算，以年产废旧纺织品 2600 万吨、综合利用率达到 60% 来计算，则可节约化学纤维 940 万吨、天然纤维 470 万吨，由此每年可节约原油 1880 万吨（相当于半个大庆油田的产量），节约耕地约 1089333 万平方米，占全年棉花耕地面积的 46%，并将大大减低我国纺织原料的进口依存度。据统计，每吨旧衣服回收利用后，可生产 0.99 吨非织造布，等于节约了 1.1 吨纺织原料，同时还节约了生产同等非织造布 35% 的能源。使用循环再生纤维素纤维——FINEX 纤生代™纤维，将有效延长资源使用期限，

赛得利 FINEX 纤生代 TM 携手 Lafuma 为纺织品可持续发展开创全新航路

大大节约各类资源。

第三，社会效益。回收再生本质上就是整个时尚产业链践行“不浪费”的创新方向。将这一理念传递给消费者，即可持续时尚消费的源头也在于“不浪费”，如从源头减少闲置，减少购买不必要产品、延长使用产品寿命、购买可持续品牌。这样层层推进，使负责消费成为趋势，充分响应联合国可持续发展目标 12 负责任消费和生产的号召。

而对于赛得利创新产品，不同利益相关方也给予了高度的评价：

Lafuma 中国区总经理钱武表示，“通过与赛得利团队的紧密合作，Lafuma 能够在短时间内生产出含有回收材料纤维素纤维的 T 恤衫。相信这一兼具环保和卓越性能的解决方案，可以巩固我们在户外服装品牌的领先地位”。

独立品牌设计师 Rico Lee 表示，“与赛得利的合作非常难得，因为 FINEX 纤生代 TM 很好地体现了我们品牌的精神内涵——结合功能和时尚的科技之美”。

未来展望

推进时装产业的可持续已经成为整个社会及时尚品牌自身最为关切的问题。如今我们每个人都或多或少地感受到了气候变暖、环境污染的严峻性，也意识到了可持续发展对每个人及后代的重要性。可持续消费理念被越来越多的消费者所认知并实践，大量的品牌和企业意识到这一趋势并已积极行动。世界最大的服装快销品牌 ZARA 所在的 Inditex 集团已经正式宣布包括 ZARA 在内，旗下所有 8 个品牌在 2025 年实现原材料 100% 来自包括循环再利用纤维在内的可持续纤维材料。

在可持续发展盛行的背景下，所有时尚产业如果不想未来被淘汰出局，就需要不断创新，开发和推出具有可持续品质的服装产品，提升市场竞争力。关于这一点，开云集团首席执行官兼董事会主席弗朗索瓦 - 亨利·皮诺早就做出了清晰的阐述："可持续发展不仅势在必行，也是企业经营的制胜之道，是我们的创新动力与创意源泉，亦是卓越品质与真材实料的保证……"

因此，可持续产品是未来满足人们美好生活的必然需求，也是时尚产业实现转型的必由之路，赛得利已经决定要在可持续时尚的道路上成为领跑者、推动者、先行者、贡献者，并制定了更雄伟的目标。

赛得利集团总裁张文涛透露，赛得利 2030 可持续发展愿景总体目标是 2030 年实现对环境社会的"零影响"，包括温室气体排放和环境保护、创新和循环经济、清洁和闭环生产、包容性成长和发展四个方面，精确抓取了公司发展中与环境、社会息息相关的重点内容，"只有在这些方面做到最好，履行一个合格企业公民的社会责任，我们才能够保持在企业成长的同时，与环境、社区和谐相处，共同发展"。

"作为新加坡金鹰集团的成员，赛得利可以获得世界级的溶解浆生产支持，加上我们在再生纤维素纤维生产方面的经验以及下游企业的纺纱能力，价值链整合使我们在加速下一代纺织纤维创新和生产方面处于有利地位，能够为纱线客户和品牌伙伴提供质量稳定的产品。这一突破只是开始，我们期待在未来为时尚产业提供更多创新、可持续的产品和解决方案。"赛得利商务副总裁刘涛表示，除了与几家溶解浆供应商合作推动技术研发外，赛得利还计划与纱线客户、服装制造商和时尚品牌合作投放新产品，共同推动循环经济的发展，促进可回收纤维走向市场。

三、专家点评

赛得利作为纤维素纤维行业全球龙头生产企业，深植中国市场，积极响应国家循环经济发展战略，探索通过技术创新和价值链创新解决行业发展的痛点问题——高碳排放、高耗水以及对土壤、森林等自然资源的消耗，顺应并积极对标与企业生产经营活动紧密相关的联合国 2030 可持续发展目标 8、目标 12、目标 13，与供应链上下游伙伴合作开拓出了“资源—产品—消费—再生资源”的循环产业路径，很清晰地展现了企业的可持续发展战略以及致力于成为一家可持续企业的积极行动和发展路径。由此，赛得利的案例可以很好地为其他企业展示如何开发和践行循环经济模式并从中获益。

该行动的创新之处在于其找到了实现“可持续导向的创新”的路径，解决了长期以来固化在人们头脑中对于可持续发展与企业绩效之间“二选一”的紧张关系。赛得利向公众展现了企业在“可持续导向的创新”模式下可以完美实现企业经营绩效与社会影响力的兼容，从系统层面实现对企业、对客户、对商业系统所带来的益处和带动作用。在可持续发展理念的驱动下，赛得利在实践中实现了从原料到技术再到全产业链和商业模式方面的创新以及由此产生的规模化积极影响，必将激发并带动整个纺织和服装产业链上更多企业的协同创新并走上可持续导向的创新路径。

该案例的亮点在于赛得利在价值链上与伙伴的共创价值活动，很好地体现了波特和克雷默 2011 年发表在《哈佛商业评论》上的“创造共享价值”的理念。赛得利在推动时尚产业可持续发展转型的实践也揭示了企业基于生态系统视野开展企业战略设计的理念，在合作共生的理念下实现多重价值的共创。由此，我们可以看到商业生态系统与自然生态系统的和谐共生，也可以看到基于循环经济的创新商业模式的光明前景。

可持续时尚的发展需要一个健康的生态系统，其中包含生产企业在“从摇篮到摇篮”理念下对产品全生命周期生态价值的评估、消费者在“负责任消费”理念下对可持续品牌的情感认同以及其他利益相关方在可持续理念下的协同创新和价值创造。

在集团 2030 年可持续发展愿景和 2030 年对环境社会“零影响”目标的指引下，赛得利应当继续坚持科技创新、培育可持续时尚产业生态系统、探索更加创新的循环经济商业模式，不仅有利于企业自身的可持续发展，也有利于社区和社会的可持续、包容性发展。

——西交利物浦大学国际商学院副教授 曹瑄玮

礼遇自然

中国广核集团

自然资本融入管理，探索清洁能源与自然和谐共生之道

一、基本情况

公司简介

中国广核集团（以下简称中广核）是伴随我国改革开放和核电事业发展逐步成长壮大起来的中央企业，是由核心企业中国广核集团有限公司及40多家主要成员公司组成的国家特大型企业集团。

中广核自成立以来，以“安全第一，质量第一，追求卓越”为基本原则，以“发展清洁能源，造福人类社会”为使命。截至2020年底，中广核拥有在运核电机组24台，装机容量2714万千瓦，在建核电机组7台，装机容量823万千瓦；境内在运新能源装机容量2426万千瓦，境外在运新能源装机容量1147.5万千瓦。此外，中广核在工业自动化控制、分布式能源、核技术应用、节能技术服务等领域也取得了良好发展，是中国最大、世界第三大核电企业。

行动概要

中广核将自然资本纳入企业管理，变革传统的生态环境保护和补偿思路，善用自然的能量，积极探索“清洁能源发展与自然和谐共生的解决方案”。中广核选取了中国、英国、法国的四个清洁能源项目试点，率先将自然资本理念融入试点项目运营管理，将评估方法应用到试点项目的生态环境保护和可持续利用实践成效评价中。有效

管理企业活动对自然资本的影响与依赖，这在国内具有探索性、开拓性，是中广核对企业参与联合国生物多样性公约的积极探索，也是对联合国可持续发展目标、气候变化框架公约和“基于自然的解决方案”倡议的回应。核算结果显示，大亚湾核电基地生产运营为社会带来了4627 亿元净效益，磨豆山风电场共为自然环境中所有生物和非生物资源创造效益共计 7.74 亿元，远超生产运营净成本。

二、案例主体内容

背景 / 问题

自然持续支持着全球人口的经济、社会和环境需求，同时承受着不可持续的消耗，这导致了相当大程度的生态恶化以及气候变化。社会增加的经济财富，在很大程度上正是以自然，或更具体地说，是以自然资本的开发、使用和退化来实现的。

中广核积极响应国家碳达峰、碳中和计划，坚持保护和可持续地利用生物多样性，重视自然资源保护，在全球范围内开展了一系列行动。2019 年，中广核联合深圳市红树林湿地保护基金会、深圳市珊瑚保育志愿联合会（潜爱）发布全国核电行业首份生物多样性报告《中广核大亚湾核电基地生物多样性保护报告》，多名专家先后对大亚湾核电基地陆地开展生物多样性独立调查，结果显示，基地陆地范围发现国家二级保护动植物 6 种，周边海域发现国家二级保护石珊瑚种类 15 种；法国是巴黎气候协定的重要参与者和倡导者，也是“一个地球”峰会主办国，对于应对气候变化和保护生物多样性有着强烈的责任感和紧迫感，中广核率先在法国发布《全球可持续发展报告》，在发布会上，法国当地员工分享了他们眼中的中广核，非洲湖山铀矿的当地女员工讲述中广核保护纳米比亚国花千岁兰的故事，展现了中国企业在应对气候变化、保护绿色家园中的引领和责任担当；同年年底，中广核携《中广核大亚湾核电基地生物多样性保护报告》亮相马德里，在第 25 届联合国气候变化大会中国角边会上作主题分享；2020 年，中广核成立国内首个核电基地海域的珊瑚保育站并完成首批珊瑚断肢苗圃复育工作，将清洁能源与自然和谐共生有机结合。

在探索与自然友好共生之路的过程中，中广核逐渐认识到企业作为参与和贡献联合国《生物多样性公约》《气候变化框架公约》的重要主体，明确自身与自然相互依赖和影响机制，将为减缓、减轻、抵消和补偿对自然的影响提供重要依据，对企业实现与自然的和谐共生具有重要价值。

如何准确、客观地评估这些生态友好行动的成效？如何更好地与利益相关方沟通，最大程度地减少邻避效应？

需要一种先进的、科学的自然资本量化方法。

行动方案

经过与国内外智库、高校深入交流、探讨、合作，中广核推动引入自然资本核算方法，在参考联合国“环境与经济综合核算体系”（SEEA）中的《实验性生态系统核算》、基于自然的解决方案（NBS）等方法学基础上，采用资本联盟发布的《自然资本议定书》（以下简称《议定书》）标准框架。《议定书》规定的方法学适用于管理企业与自然资源互动的潜在风险和机遇，建立基于自然的解决方案应对气候变化和其他环境挑战。基于《议定书》规定的四大阶段和九大步骤，项目团队依据核电、风电等清洁能源项目特点设定形成了一套标准化的企业自然资本评估流程、工具和指标体系，在中国、英国、法国三国四个试点进行自然资本评估，助力透明、高效的利益相关方沟通。

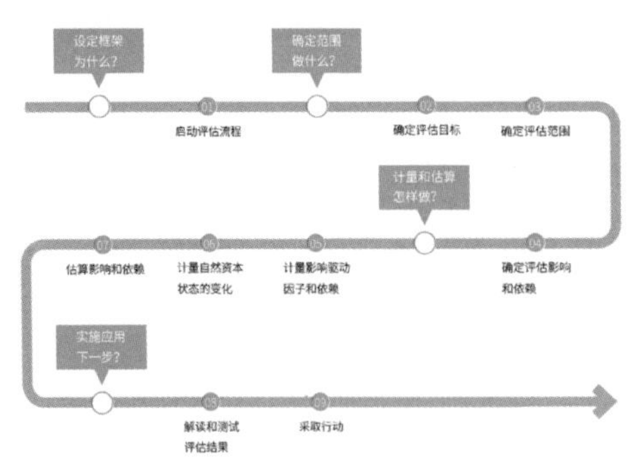

自然资本核算思维导图

实质性影响和依赖成本效益分析

《自然资本议定书》的核算框架分为“设立框架”“确定范围”“计量和估算”“实施应用”四个阶段，分别对应解决了“为什么做自然资本核算”“自然资本核算做什么”“怎样做自然资本核算”和“结果分析以及下一步行动”，为实现自然资本核算流程的标准化和规范化提供了参考。将自然资本纳入企业运营决策是一套前沿的企业管理思路，正在被越来越多的世界一流企业所应用，中广核的本次尝试在国内企业自然资本核算领域具有开创性、引领性。

以大亚湾核电基地为例，应用《议定书》的框架流程和方法，通过对标研究、产业链分析和实质性调研，中广核建立了大亚湾核电基地对自然资本的潜在影响和依赖议题库，经过自然资本核算方法得到货币化估值结果，形成企业自身的成本 / 效益和对社会产生的成本 / 效益，即企业活动的综合价值。以资源利用、应对气候变化、环境合规与灾害防治及节能技改、放射性废弃物管理、社区福祉和科普教育、噪声干扰六个议题分别分析影响依赖产生的企业成本 / 效益和社会成本 / 效益，并展示综合价值评估结果。

项目创新性

中广核强调项目实施过程中的多方参与，积极与资本联盟、OREE、SustainValue 等国际组织和生态环境部对外合作与交流中心、清华大学、责扬天下（北京）管理顾问有限公司、红树林湿地保护基金会、深圳市大鹏新区珊瑚保育志愿联合会（潜爱）等国内机构构建保护生物多样性的伙伴关系网络，开展自然资本评估、生物多样性管理、信息披露等方面的合作与交流。

项目以创新的评估方法，定性、定量和货币化的评估企业建设、生产、运营活动对生态环境的影响和依赖。引入“自然资本”概念，将项目评估对象扩大至自然资源、生态系统服务和非生物服务，有助于企业更加系统全面地考量生产运营与自然、生物多样性之间的关系，进而积极主动地采取物种保护、生态系统保护行动；引入“社会资本”概念，创新性地将企业生产运营活动对社会（人类健康、人类福祉等）的影响同时纳入评估范围，强调了环境和社会作为企业非产品输出作用对象的不可割裂性。充分体现出自然资本评估这项管理工具在理念和技术方面的先进性，引领企业在进行业务决策时全盘考虑人与自然之间的关系，提升企业与自然社会和谐共生的意识。

多重价值

作为国内清洁能源企业首次使用的先进方法，自然资本评估结果能够直观地体现企业对社会和环境的影响和依赖程度，有助于引导企业有针对性地采取避免、减缓、抵消、补偿等生态保护措施，有效控制和削减企业运营对自然环境的负面影响。既能指导企业自身更有针对性地制定保护和修复方案，也为其他企业提供了指标库和核算工具基础，打破传统的企业环境管理仅关注对生态环境的负面影响，而忽视对社会和环境正面影响的桎梏。量化明晰企业与自然资本之间相互依存的关系，使评估的覆盖范围更加广泛、更具包容性，评估的结果更具实用性和指导意义，能够有效带动中国企业生态系统保护理念提升和能力建设。

通过定性、定量、货币化核算大亚湾核电基地、云南磨豆山风电场两试点运营过程中产生的生态环境效益和社会经济效益，充分展示了清洁能源项目在生态环境效益、社会经济效益等维度所做的巨大贡献。

（一）生态环境效益

1. 贡献碳达峰目标，助力减缓气候变化

作为清洁能源发电项目，大亚湾核电基地和磨豆山风电场较传统发电，共减少二氧化碳排放 63744.65 万吨，相当于种植了 177.56 万公顷森林，减排价值约 4636.417 亿元。

2. 减少生产运营对生物的扰动，保护动植物和栖息地

（1）大亚湾核电基地于 1985 年、2013 年、2016 年分别委托专业科研机构进行海洋生态调查。调研结果显示，近年来大亚湾海域生物种类丰富度较高，均匀度指数和种类多样性指数均明显增加。2019 年，调研发现基地陆地和周边海域的动植物物种超过 200 种，其中陆地国家级重点保护动植物 8 种，包括凤头鹰、普通鵟、领角鸮、虎纹蛙、蟒蛇、禾雀花等。在大亚湾核电站周边海域发现国家二级保护的石珊瑚种类 15 种。

（2）磨豆山风电场在运营过程中，充分考虑扇翅对鸟类和蝙蝠的潜在影响。在建设时即考虑避让候鸟迁徙路径选址建设风机，并开展长期监测和救助。

三次海洋生物调研数据对比

年份 指标	1983	2013	2016
浮游植物种类	135	181	240
浮游动物种类	81	139	194
底栖生物种类	—	181	336
游泳动物种类	40+	90	222
年鱼卵平均密度	—	3157 个 /1000 m^3	13514 个 /1000 m^3

3. 提升社区抵御自然灾害和极端天气能力

大亚湾核电基地在自然灾害防治方面累计投入 390429.32 万元。不仅能有效防范自然灾害对核电生产运营带来的危害，还为周边社区提供了极端天气预警，建设的防浪堤坝

等基础设施也有效减少了周边社区遭遇极端天气灾害的风险，有效提升了社区抵御自然灾害和极端天气的能力。

4. 重视绿色施工和生态补偿

磨豆山风电场建设时期注重绿色施工，支付森林植被恢复费 112.82 万元，运营期间逐年开展企业植树造林、植被恢复，投入约 2091.97 万元。

（二）社会经济效益

1. 支持基础建设，促进产业发展，提高生活福祉

(1) 大亚湾核电基地重视在文化教育、环境卫生、医疗设施等方面对周边社区给予支持，20 余年来通过修建医院和养老院、奖学奖教等形式，帮扶投入超过 1 亿元。

(2) 通过“社区出地建房、核电承租并统一管理”的模式，营造“造血”机制，以长效合作方式实现共赢。目前，大亚湾核电基地在大鹏的房屋租赁费用总额已超过 5000 万 / 年。

(3) 大亚湾核电基地自建成以来，吸引了游客观光旅游，既为周边居民发展住宿、餐饮等第三产业提供了机会，也带动了周边特色养殖业发展，帮助南澳鲍鱼、东山珍珠等特色产品打造品牌、提升价值，随着大亚湾核电基地业务的发展，直接和间接为周边居民创造了 12.4 万个就业岗位。

2. 改善人居环境，共享绿色家园

大亚湾核电基地重视保护厂区和周边社区人居景观环境建设，绿化投入约 20 万 / 年，防火林护养投入约 14 万元 / 年，绿化投入共计约 884 万元。

3. 开展科普旅游宣教，提升公众保护意识

(1) 大亚湾核电基地持续开展核电科普知识进校园活动，并组织相关课程教师到基地接受核电专业培训，组织学生参观核电基地。多年来共接待生态核电科普活动和旅游累计接待社会公众、专业团体约 2541 批次，76303 人次。以旅行成本法计算，产生社会经济效益 152.606 万元。

(2) 磨豆山风电场厂区内修建了科普场馆，展示风力发电机机翼、多种小型风力发电机等展品，通过展板介绍了风力发电和其他新能源发电的相关知识。累计接待参观人员 10.01 万人次，以旅行成本法计算，产生社会经济效益 130.65 万元。从 2017 年起陆续被评为玉溪市风电科普教育基地、中国能源研究会能源科普教育基地和 2019 年电力科普教育基地。

未来展望

该项目所应用的自然资本评估方法在国内企业生物多样性影响评估与管理领域具有前瞻性、引领性。作为企业在中国大陆地区进行的首次尝试，中广核自然资本评估研究项目具有相当高的推广应用潜力及可持续性。

（一）可持续性

1. 将自然资本纳入决策、融入管理

首先，中广核正在推动将自然资本理念纳入企业决策，重点考量企业运营对自然、社会影响与依赖，有效管控可能面临的风险与机遇。其次，在生产运营各个环节中已纳入自然资本相关理念和管理指标，对造成自然资本变化的重大影响和依赖进行重点关注，有针对性地动态调整企业管理体系，提升管理成效和实践水平。这为项目可持续性推进提供了管理机制保障。

2. 形成标准化的自然资本评估机制、工具与方法

目前，该项目已形成一套标准化自然资本评估机制、工具与方法，初步建立了一套符合业务生产特性和周边生态环境特征的生物多样性指标体系和包括生物多样性监测、保护、可持续利用、监督评价在内的管理体系，为项目可持续推进提供了技术保障。

3. 形成常态化自然资本评估和信息披露的机制

中广核计划定期组织开展自然资本评估，持续监控和评估自然资本变化情况，衡量生态、经济和社会的效益，并通过社会责任报告、生物多样性报告、案例或案例集等载体定期披露自然资本评估识别出的重要议题、企业实践及成效，回应利益相关方期望和诉求，为项目可持续性推进提供重要驱动。

（二）可推广性

1. 具备在核电和风电行业的可复制性

已开展的大亚湾核电基地、磨豆山风电场自然资本评估项目开创性地将《议定书》标准框架应用于核电、风电领域，并在评估研究的基础上，摸索出了一套适用于沿海核电和内陆风电的自然资本评估流程范式，具备极高的可复制性。未来，中广核探索开展的自然资本评估方法学可广泛应用于其他沿海核电和内陆风电项目。

2. 具有推广至包括清洁能源在内的其他行业的潜力

随着中广核试点对自然资本评估理念和方法应用的不断深入，企业自然资本评估机

制、工具及指标体系的日益成熟，具备逐步应用到国内外更广范围的清洁能源行业，乃至更广范围的其他行业企业及项目中的潜力，对推进中国企业参与生物多样性保护、可持续利用和惠益共享，实现全球可持续发展具有重要意义和贡献。

三、专家点评

中国广核集团是我国的特大型企业集团，长期以来，以“发展清洁能源造福人类社会”为使命，以“成为国际一流清洁能源企业”为愿景，将生物多样性保护纳入企业发展战略，遵循“避免、减少、减缓、补偿”的生物多样性“阶梯型”管理路径，开展了一系列生物多样性保护实践，尽中国广核集团企业之力，努力实现与周边自然环境和谐共生，为中国广大企业树立了企业界生物多样性保护好形象，也给发展和保护和谐共进探索了道路。

——清华大学环境学院生态所所长 刘雪华

《中广核 2020 生物多样性全球报告》提出了一系列应对生物多样性保护和应对气候变化挑战的可能性。通过四个自然资本评估案例，报告展示出企业关注自然资本、研究自然资本的重要价值：企业掌握项目自然资本的过程有助于其了解与业务相关的所有生物多样性问题，从而制定出最适宜的战略。

——ORÉE 主席 Patricia Savin

礼遇自然

中国华电集团有限公司

巴厘岛海底“植树造林”，共建海洋“华电蓝”

一、基本情况

公司简介

中国华电集团有限公司（以下简称“中国华电”）是 2002 年底国家电力体制改革组建的国有独资发电企业，属于国务院国资委监管的特大型中央企业，主营业务为：电力生产、热力生产和供应；与电力相关的煤炭等一次能源开发以及相关专业技术服务。

中国华电集团投资、建设并运营的印度尼西亚巴厘岛燃煤电厂，是中国与印度尼西亚在能源和基础设施建设领域深化合作的代表性工程。自投产以来截至 2021 年 6 月底，总发电量约为 177.7 亿度，有效缓解了巴厘岛电力供应紧张的状况。

行动概要

巴厘岛北部沿岸的珊瑚礁白化问题危及海洋生物和沿海生态系统。中国华电巴厘岛电厂联合印度尼西亚环保机构共同设立珊瑚研究及恢复中心，对珊瑚礁恢复的可行性进行详细分析并制定出解决方案，联合科研机构实现珊瑚野放为当地生态恢复以及渔业、旅游业发展带来福祉，也为海外电厂生态保护行动开创了新的思路。

二、案例主体内容

背景 / 问题

珊瑚是生物起源的摇篮，被誉为“海底热带雨林”。近年来，随着海洋温度不断升高，加上人类活动的破坏，全球的珊瑚正濒临消失，一旦失去海洋生态环境中这至关重要的一环，将引起一系列连锁反应并威胁人类生存。

众所周知，巴厘岛是世界著名的旅游岛，巴厘岛北部沿岸附近海域曾拥有大量的优良珊瑚礁群，但近 20 年来，随着旅游业、养殖业、捕鱼业的发展，以及受"厄尔尼诺现象"的影响，珊瑚礁经历了前所未有的大规模白化，相关海域的珊瑚及珊瑚礁生物种类减少、数量降低，失去珊瑚礁保护的北部沿岸不断受到海浪侵蚀，当地捕鱼业和旅游业发展也因此面临严峻的困难。因水体富营养化产生的死水区域，正在摧毁海洋生物和沿海生态系统。

面对珊瑚面积逐年减少、海洋生物种类逐渐减少或灭绝的形势，印度尼西亚政府高度重视，从 2012 年开始，印度尼西亚海洋旅游朝向绿色创意旅游业发展，所有旅游活动均突出强调环保意识，并积极与周边国家就发展海洋经济、保护海洋资源进行合作，其中一项重要工作就是实施"珊瑚礁三角区倡议"（CTI）。同时，中国国家主席习近平在访问印度尼西亚时也提出了中国愿同东盟国家加强海上合作，共同建设"21 世纪海上丝绸之路"的构想。

人类环保意识的提升以及自然生存环境的改善等成为解决珊瑚恢复的重要性因素，然而这都需要一个漫长的修缮过程，也需要投入更多的现代化科学应用和人力及资金去了解这些多样的生物复杂生理习性，有的放矢做到有针对性地解决问题。

作为巴厘岛最大的电厂，巴厘岛电厂一直坚持效益与责任并重的原则，坚持用实际行动践行"中国华电，度度关爱"的责任理念，致力于保护周边生态环境，在举办"无垃圾海滩"及"承诺减少使用一次性塑料签名"活动的基础上，不断为人类与自然和谐共存贡献企业力量，积极履行央企社会责任，回馈当地社会，决心从自身的实际出发，以实际行动恢复珊瑚礁和进行珊瑚研究，培养珊瑚幼苗并进行珊瑚野放活动，保护电厂周边海洋生态环境。

行动方案

此次珊瑚恢复项目的起源是巴厘岛电厂一名员工因为热爱摄影而引起的一系列连锁行动。在进行海洋景致的拍摄中，他注意到彩色的珊瑚越来越少，大量珊瑚出现白化，而这正是珊瑚处于生存危机的一种表现——和珊瑚一起共生的海藻出现了生存问题，死亡的海藻不能通过光合作用向珊瑚提供能量，珊瑚本身也会因缺少营养供应而导致死亡。拯救珊瑚的念头油然而生。这位员工的提议立即得到了公司的支持，并组建起开展珊瑚礁恢复项目。

项目成员经多次调研，最终找到中国具有专业科研能力的中国科学院，并积极配合其派出的专家团队，对巴厘岛北部沿岸水下环境进行了长期的观测和水质分析，并结合在其他地区开展的珊瑚野放试验情况，对巴厘岛北部珊瑚礁恢复的可行性进行了详细分析，同时巴厘岛电厂积极联络印度尼西亚当地环保政府及机构，并获得了大力支持，最终成功确定了解决方案，并付诸实践。

2019 年 11 月 25 日，中国华电科工巴厘岛电厂联合印度尼西亚环保机构“美丽绿色地球基金会”共同成立珊瑚研究及恢复中心。同时，携手中国科研团队“珊瑚星球”在位于巴厘岛北部的电厂附近海域开展珊瑚野放活动。

此次珊瑚的移植最大限度地利用基础材料，减少对当地现有生态环境的损害。珊瑚研究及恢复中心利用珊瑚碎片培育形成菌落，加大种植后的生存概率，并将可供移植的小型珊瑚进行保存储备，以用于未来的珊瑚种植。中心对珊瑚的研究包括珊瑚的繁殖、对珊瑚生态价值和经济价值的分类、珊瑚的移植方法以及人工养殖珊瑚的技术改良。经过研究改良后的技术将用于建立珊瑚农场，并且根据最新技术对电厂珊瑚种植的实际情况进行及时的评估及改进。

巴厘岛电厂珊瑚研究及恢复中心结合当地原生珊瑚物种结构，把经过人工繁殖和选育的珊瑚幼苗，移植到曾有珊瑚生长但后来遭到破坏的天然礁盘上，以实现修复珊瑚礁的目标。截至目前，已投放 500 株珊瑚幼苗，覆盖约 200 平方米天然礁盘。

多重价值

此次珊瑚礁恢复项目的开展，是中资企业首次在海外开展珊瑚野放活动，也是中资燃煤电厂首次与科研机构合作建立珊瑚研究及恢复中心。该中心的建立以及珊瑚野放活动均为今后海外电厂生态保护行动开创了新的思路，为中资企业履行社会责任提供了更多灵感。

第一，增加了目标覆盖率。鉴于新冠肺炎疫情期间无法下海观测已种植珊瑚的状况，但据专家预测，珊瑚移栽 1 年后，在保证持续监测、维护且不发生人为破坏和毁灭性“厄尔尼诺现象”的前提下，目标珊瑚覆盖率能够提高至 40%，两年后目标覆盖率提升至 70%，珊瑚物种数将翻一倍。

第二，提高了公众认识。珊瑚研究及恢复中心成立仪式邀请了中国驻登巴萨总领馆、巴厘省布勒冷县政府、巴厘岛大学及其他相关单位、机构参加，也邀请了中国和印度尼西亚媒体参加。印度尼西亚巴厘省布勒冷县县长阿古斯对珊瑚中心的成立及野放活动表示支持，并呼吁当地民众和企业共同将此类公益活动延续下去，同时希望以该区域生态环境治理为契机，进一步落实环境保护，在此基础上带动经济的快速、稳定发展；中国驻登巴萨总领事苟皓东表示，此次珊瑚中心的成立和珊瑚野放活动，将有助于进一步提高公众对海洋生物保护重要性的认识，注重人与自然的和谐发展；2019 年 11 月 25 日，湖南卫视一档着力于环保的真人秀节目《小小的追球》对巴厘岛电厂的珊瑚种植项目进行了跟踪拍摄及宣传，该期节目已于 2020 年 2 月 4 日播出，播放后仅两周浏览量便达到了 1 亿，远超同期其他综艺节目。节目中对巴厘岛电厂进行了介绍与宣传，肯定了巴厘岛电厂对印度尼西亚当地做出的突出贡献。同时，着重介绍了本次珊瑚种植活动对巴厘岛生态环境的积极影响，对巴厘岛电厂的环保意识做出肯定。人民网、《人民日报》以及中国新闻网均对巴厘岛电厂珊瑚研究及恢复中心的成立以及珊瑚野放活动进行了相关报道，这些宣传提高了公众对珊瑚礁生态系统的重视，也大大提升了中国华电在国内的知名度与影响力。

第三，惠及民生珊瑚的培育及衍生的旅游业。此次珊瑚礁恢复活动不仅提升了大众对珊瑚礁生态系统的重视，同时也为当地居民提供了更多实际的好处，例如他们可以通过该区域旅游业的再次繁荣获得更多的工作机会，降低当地村民的失业率，增加当地村民的经济收入，据参加活动的一位当地村民讲述，此次珊瑚礁恢复活动，让他对珊瑚有了更加科学的认识，对珊瑚礁保护的责任之重，如果今后想持续保证稳定的经济收入，必须在获取利益的同时，考虑到环境保护。"原来珊瑚也是需要爱护的"，这句朴实的话语，有着惊人的力量。

第四，消除了当地民众的误解，提升了当地民众的环保意识。通过邀请电厂附近村民参与此次珊瑚礁恢复活动，让当地民众对环保理念、环保知识有了更多的了解，消除了其对燃煤电厂可能造成环境污染的误解，稳定了电厂周边的外围环境。当地民众表示：从此刻起，我们才认识到珊瑚恢复活动是一项长远的全民运动，只有大家共同努力，巴厘岛的下一代才能拥有更加美好的海洋生态环境，福泽子孙的可持续发展才可得以实现。

第五，树立了华电品牌。巴厘岛电厂作为该活动的主导者，将巴厘岛本地的生态保护视为己任，也将华电在海外的品牌影响力进一步提高，对于开发潜在的国际市场产生积极的推进作用。

未来展望

巴厘岛电厂建立的珊瑚研究及恢复中心以及举办的珊瑚野放活动顺利完成，得到了当地相关政府和机构的大力支持，也受到了多方人士的认可和赞扬，这是巴厘岛电厂的殊荣也是中资企业海外电厂生态保护事业履职的典范，然而这一次的成功只是万里长征的第一步，在未来海洋生态保护的道路上，巴厘岛电厂必须全面接受大众的监督与批评，在打造科研和科普基地、持续投身环保公益事业、加强环境保护建设绿色电厂等方面再接再厉。

第一，打造科研和科普基地，实现“珊瑚海”美丽愿景。将珊瑚种植及恢复活动列为年度环保计划，密切关注已种植珊瑚的生长态势，在集团公司及各方的支持下，通过科研团队和当地专业机构的协助，力争将巴厘岛电厂珊瑚研究及恢复中心打造成科研和科普基地，为当地后续珊瑚研究和恢复提供技术参数支持。

第二，投身环保公益事业，开展环保公益活动。成立珊瑚研究及恢复中心以及举办珊瑚野放活动只是巴厘岛电厂在计划实施的系列环保活动中的第一步，巴厘岛电厂将一如既往致力于当地环境保护，在注重效益的同时，积极履行环保责任，投身环保公益事业，组织开展系列环保公益活动。

第三，秉承“绿色环保电厂”的理念，加强环境保护，建设“生态电厂”。以实际行动，力争早日实现巴厘岛北部不仅有“海豚湾”，而且还有“珊瑚海”的美丽愿景。

三、专家点评

希望当地民众和企业共同将此类活动延续下去。期待以该区域生态环境治理为契机，进一步加强环境保护，在此基础上推动经济快速健康发展。

——巴厘省布勒冷县县长 阿古斯

在电厂周围海域种植珊瑚属巴厘岛首例，凸显了中国企业积极履行社会责任、高度重视环保、关注当地民生的良好形象、将进一步推动当地生态环境改善和经济发展。该中心的成立将进一步提升公众对海洋生物保护重要性的认识，促进人与自然和谐发展。

——中国驻巴厘岛首府登巴萨总领事 苟皓东

礼遇自然

国网福建省电力有限公司武夷山市供电公司

携手共建电网与原始生态和谐共处新关系

一、基本情况

公司简介

国网福建省电力有限公司武夷山市供电公司（以下简称“国网武夷山市供电公司”）成立于 2003 年 6 月，2012 年 8 月正式成为福建省电力有限公司的全资子公司。公司供电区域包括武夷山市区及七个乡镇，辖区面积 2798 平方千米，供电区域总用户数 11.43 万户。现有变电站 16 座、35kV 及以上输电线路共 30 条，其中 110kV 线路 10 条、35kV 线路 20 条，总长 371.074 千米。党的十九大以来，“绿水青山就是金山银山”理念既为我国经济发展划定了生态保护红线，也亮出了中国绿色发展的决心。作为关系民生经济和能源安全的供电企业，公司牵头社会各方，结合当地独特地理环境，聚焦“生态电网”建设，携手共建电网与原始生态和谐共处新关系。

行动概要

武夷山森林覆盖率 79.2%，拥有林业用地 318.2 万亩，珍稀树种 50 余种，其国家公园保护区内几乎囊括了中国中亚热带所有的植被类型。然而，跨原始森林的输电线路建设在赋予山区人民电能的同时，也造成了水土流失、线树故障、山火、动物触电等生态灾害，建设生态电网，打造电网与原始生态之间的新关系迫在眉睫。

由于对电力系统领域外的专业知识涉猎不足，且社会各方共同参与生态保护的共识有所欠缺，生态电网建设举步维艰。为此，国网武夷山市供电公司立足“多方合作共赢，共建绿水青山”的生态理念，牵头整合国家公园、林业局、应急局等社会各方资源，创建多方配合的信息共享协作平台，从优化电网设计、建设巡视运维合作联盟、打造生态应急响应平台以及建设生物防火林带四条途径入手，力求将各单位的常态化工作融入生态建设中，于合作中共享利益、共创生态经济，形成经济效益、社会效益、环境效益的良性循环。

共建绿水青山

二、案例主体内容

背景 / 问题

武夷山为世界文化、自然双遗产地与世界生态圈保护区，分布着同纬度现存最完整、最典型、面积最大的中亚热带原始森林生态系统，拥有 2527 种植物物种，近 5000 种野生动物。然而，其独特的生态环境与当地长期在运的电力设施之间的矛盾却日益凸显。

以跨越保护区内桐木村的 10kV 输电线路桐木线为例：10kV 桐木线全长 12.5 千米，由于保护区内多为原始森林，树大根深且山猴众多。2018 年至今，共发生 32 起线树故障、

11 起动物触电事件。2019 年 8 月 17 日，保护区内山猴跳到线路上，导致 10kV 桐木线挂墩支线 #001 杆 KY3042 开关 B 相跳线烧断，险些引起火灾。此外，电力人员对输电走廊开展的日常运维巡视以及电力设备施工，也对沿线的水土和植被造成了不同程度的破坏。

在闽北山区众多的自然村中，桐木村只是其中一个较为典型的例子，但电网建设与自然环境之间的矛盾从中可见一斑：轻则造成线路故障，影响电力供应，重则造成水土流失和珍稀植被破坏，甚至引发森林大火，对社会经济和生态环境都造成了较大影响。因此，开展生态电网建设，打造电网与原始生态和谐共处新关系，不仅是国网武夷山市供电公司主动作为、履行企业社会责任、实现可持续发展的自身诉求，更是政府、国家公园管理局、林业局（国有林场）、景区管委会、应急局、茶业局（茶企、茶农）等利益相关方对各自发展的道路选择。

综合考虑各方因素，开展生态电网建设的难点有三个：一是电网建设对地表造成的破坏本身就与生态保护初衷相悖；二是各利益相关方信息沟通不及时、利益不对等，在对跨国家公园、保护区、景区等线路走廊进行巡视或者树竹削枝时，易触碰各单位生态红线；三是对电力系统外的专业知识涉猎不足，巡线员在巡视过程中难以甄别珍稀动植物，从而无意中对其生存环境造成破坏。

行动方案

为破除难题，国网武夷山市供电公司根植“多方合作共赢，共建绿水青山”理念，对各利益相关方诉求与优势进行走访调研，整合各方资源，充分发挥各方优势，从优化电网源头设计、建设运维合作联盟、打造生态应急响应平台、共建经济防火林带四条途径入手，形成由供电公司牵头，国家公园、林业局、茶业局、应急局和景区管委会等多方配合的协作平台，将各单位常态化工作往生态建设上引导，让各方在工作上从“无意识”到“有意识”地保护生态，化矛盾为合作，推动项目可持续发展。

1. 优化电网源头设计（利益相关方：国家公园、林业局）

高杆与绝缘化设计：针对电网建设中跨越原始森林的线路走廊及设备杆道，提出“因地制宜、提高深度”的理念，采用 35kV 高杆铁塔代替原 10kV 电杆，以高跨的方式有效保护原始森林。同时，设计方案选用绝缘导线以及带绝缘罩的刀闸等线路设备，避免鸟类、蛇类以及猴子等保护区内动物被电弧灼伤，最大程度地保护生物多样性。

新型石墨烯接地：采用柔性材料石墨烯代替传统镀锌钢接地，实现蛇形敷设，有效避开地表珍稀植物。另外，石墨材质环保无污染，与土壤契合度高，不产生重金属离子污染土壤和地下水，且石墨烯耐腐蚀、使用寿命长达 30 年，为镀锌钢的 6 倍，大大减少了土壤重复开挖次数，可有效保护原始森林水土资源。

2. 共建运维合作联盟（利益相关方：国家公园、林业局、景区管委会）

将供电公司巡线员、林业局和国家公园管理局护林员以及景区管理人员进行业务融合，按各单位巡视要求开展培训，让各方在各自管辖范围内，既可做好本职工作，又能帮助其他单位发现相关生态隐患。另外，由供电公司提供无人机飞巡技术，在提升巡视效率和弥补视野盲点的同时，最大程度减少人与生态环境的直接接触，由国家公园提供珍稀动植物信息，制成口袋书图册，帮助相关人员在巡线过程中主动发现并保护珍稀动植物。

3. 打造生态应急响应平台（利益相关方：应急局、国家公园、林业局、景区管委会、当地政府）

由应急局牵头建立多元化信息沟通机制，各单位一旦发现森林大火等生态灾害或隐患，即可点对点精准连线应急局相关负责人，应急局则第一时间通过电话、微信群、App 等方式将隐患信息及时推送至供电公司、当地政府、国家公园以及林业局等利益相关单位的负责人，统筹协调各方力量共同参与抢修救灾工作。另外，供电公司还在输电走廊装设高清在线监测装置，不停机监测沿线生态情况，并将一手信息共享至应急局。

4. 共建经济防火林带（利益相关方：国家公园、林业局、当地政府）

国网武夷山市供电公司与政府和林业局连线，提出“以茶代树”模式，在输电走廊下种植适合土壤的相应茶树，既防止了传统林木过高造成的线树隐患，又能从茶树中获取经济效益，让电网建设与生态经济相辅相成，合作共赢。

多重价值

1. 缓解电网建设与原始生态矛盾

跨原始森林输电走廊建设：国网武夷山市供电公司投资 336 万元，开展 35kV 红星变 10kV 桐木线 #137—#278 杆差异化改造工程，采用 35kV 高杆铁塔代替原 10kV 电杆，全线进行导线绝缘化。2020 年以来，线树故障和动物触电事件再未发生，这一措施有效化解了跨国家公园长约 12.5 千米的输电线路与原始森林的矛盾，保障了村民可靠用电，大大提高了旅游体验。

石墨烯接地试点台区：10kV 桐木线 #181-1 台变位于国家原始森林保护区海拔 800

米，建立在缓坡的茶树种植区域，开挖受限（不能破坏已种植的茶树）。采用石墨烯接地后，开挖土方量仅为 6 立方米，按 30 年改造周期计算，比传统镀锌钢减少土方量 30 立方米，可有效保护地表植物。

2. 有效减少生态灾害与隐患

智慧运维：通过与国家公园、林业局、景区管委会共建的运维合作联盟，以及利用无人机智能巡检与自主飞巡技术，截至目前共巡视输电走廊杆塔 3241 基，发现线树隐患点 354 处，巡视耗时比下降 50%，故障查找耗时比下降 80%。

生态灾害快速响应：通过与应急局联动，运用线路在线监测装置，实时监控线路周边环境，及时预警森林火灾与线路隐患，自 2019 年至今，共预警 110kV 源店 I 路等 4 次火烧山、星村线等 7 次外破隐患，成功避免了 15 起电网事件，有效阻隔了森林火灾发生，及时切断了火源，提高了森林质量，增强了生态效益。

3. 化解线树矛盾

生态防火林带建设：联合林业局汇总收集全市林木建设规划，共同完成 35kV 溪洋线 #29—#36 杆经济防火带建设，并向国有林场及市林业局做好电力法相关条例宣传，共建“电网与原始生态和谐共处新关系”公益模型。联合当地政府与电力执法办，共同介入青赔与林木种植计划，力争与国有林场、林业局达成协议，共同保护线路走廊安全。

未来展望

“生态电网”的建设工作已取得初步的成果，但其完成度还远远不足，放眼未来，依然面临着诸多挑战。

首先，社会各方共同投入生态保护建设的观念尚未深入人心，“自觉性”与“自愿性”还不足，项目推进阻力较大。以防火林带建设为例，虽然林业局积极配合，相关负责人在意愿上也支持让国网武夷山市供电公司清砍输电走廊两侧的高大林木，但颁发砍伐证的前提是要求国网武夷山市供电公司与当地林农或林场主协商好砍伐树木的青赔费用，并签订相应合同。然而，林农在青赔问题上“漫天要价”的情况并不少见，对普通老百姓而言生态建设的概念还很模糊，故他们与国网武夷山市供电公司协商相关事项时仍是本着“利字当头”的原则。

其次，如何让“生态电网”项目在推进过程中获得政府政策的支持，并将“多方参与合作，共建绿水青山”的模式固化下来，是项目能否可持续开展的另一只“拦路虎”。

共建“生态电网”并不是一蹴而就的，而是必须拉长时间线进行逐步推进。国网武夷山市供电公司将把一部分重心放在项目的宣传与政策的引导上,以取得的初步成果为基石，一步步搭建起人民认可的“阶梯”，坚持“绿水青山就是金山银山”的理念，积极响应绿色发展的号召,努力打造具有武夷山特色的电力生态系统,让社会各方共同分享“胜利的果实”。

三、专家点评

国网武夷山市供电公司将落实联合国可持续发展目标 15“保护、恢复和促进可持续利用陆地生态系统”为主要着眼点，积极根植“最大限度地减少对社会和环境的消极影响”“最大限度地增进对社会和环境的积极影响”“利益相关方参与和合作”等核心社会责任理念，主动破解电网建设运营与原始森林生态系统保护之间的矛盾，形成了各利益相关方共同参与、共创治理、共享价值的电网建设运营与原始生态保护的协同新模式，既实现了保护生物多样性、促进生态可持续发展的目标，又达到了惠及周边社区、推动多方获益的目的，同时还起到了优化电网建设运营方式、打造可持续性生态电网的功效。未来可以从两个方面进一步深化：一是建设与各利益相关方的可持续性合作机制，推动各方对生态电网建设和原始生态保护的共同支持、共同参与、共同协作的常态化和长效化；二是从电网建设运营的全生命周期和全价值链角度，系统识别和分析电网建设运营对原始生态可能产生的消极影响与积极影响，建立全生命周期和全价值链的生态风险地图，打造升级版“生态电网”，形成全过程、全链条、全视域的原始生态保护。

——中国社会科学院研究员 肖红军

安踏集团

高标准对标 全方位行动

一、基本情况

公司简介

安踏集团成立于1991年，是一家专门从事设计、生产、销售和运营运动鞋服、配饰等运动装备的综合性体育用品公司。经过20多年的发展，安踏集团已从一家传统的民营企业转型成为具有国际竞争力和现代治理结构的公众公司。安踏集团的愿景是“成为一家受人尊重的世界级多品牌体育用品集团”。自创立以来，其一直持续深耕企业社会责任，积极践行联合国可持续发展目标（SDGs），在社会责任与可持续发展领域长期投入大量资金、装备和人员。安踏集团积极构建绿色生态体系，是首家并连续5年发布ESG报告的中国体育用品公司，其2020年发布的首份企业社会责任报告荣获“金蜜蜂2020优秀企业社会责任报告 环境责任信息披露奖”。

行动概要

作为中国体育用品行业领导企业，安踏集团积极履行对经济、消费者、环境、社会、员工等集团内外利益相关方的责任，主动向公众披露经营状况，不断完善机制，致力于成为负责任的企业公民。安踏集团致力于将超越自我的精神融入每个人的生活，为实现更美好世界和可持续发展的蓝图而努力奋斗。为此，安踏集团秉承可持续发展理念，产品对标国际标准，在产品和供应链中融入环保元素，引领行业绿色健康发展；开展扶体扶智双向推动精准扶贫，关注青少年体育公益，帮助欠发达地区青少年在系统化的体育及素养教育中健康快乐地成长。

为破解纺织品服装行业给环境和健康带来的污染挑战，在中国体育用品行业发展中发挥绿色发展的引领作用，贡献中国应对气候变化挑战目标，安踏集团率先与世界自然基金会（WWF）合作，成功申报成为首家 WWF 在中国体育用品及纺织行业的全球战略合作伙伴，联动行业企业推动供应链绿色转型，使用环保的纺织品面料并实现包装减塑，开展大量活动，号召上亿消费者绿色行动，并与合作伙伴共同推出创新的环保产品，支持相关组织实现对林地恢复，搭建起共同实现可持续发展的合作伙伴关系。

环保行动融入产品设计

二、案例主体内容

背景 / 问题

陆地物种，1970~2012 年，种群数量整体下降 38%；淡水物种，1970~2012 年，淡水系统监测种群数量整体下降 81%；海洋物种，1970~2012 年，种群数量整体下降 36% ……

纺织品服装行业是全球第二大污染行业，中国是全球最大的纺织品服装生产国、消费国和出口国。纺织业快速发展在给人们带来美好生活的同时，纺织工厂排放的废水、废气也在影响着我们生活的环境和健康，致使全球生物多样性遭遇威胁。

行动方案

探索新科技，研发环境友好型产品

面对环境问题，安踏集团一直在探索各种方式，力求减少对地球宝贵资源的使用，通过创新挖掘，寻找可替代、可降解的环保材料。

人类依靠地球的自然资源生存和成长，而人类的活动和行动却同时对地球产生了影响。几十年来，专家们一直在警告气候变化的后果。尽管我们更加关注“如何实现人与自然的和谐共存”，但采取的措施似乎还不够。作为一家领先的公司，安踏体育必须尽最大的努力来履行我们在减轻全球温室气体排放方面的责任。

——**安踏集团董事长兼首席执行官 丁世忠**

有机棉是一种纯天然无污染的棉花，作为可持续性农业的重要组成部分，有机棉从种子到产品全程不允许使用化学制品，在生产纺织过程中也要求无污染。安踏集团坚持采购高质量和可持续发展的棉花作为原材料，展现了其将可持续发展融入日常业务运营的决心。

2019 年，安踏集团的研发费用接近 8 亿元，探索出将咖啡渣回收利用到涤纶纤维抽丝中，成功开发出环保咖啡纱系列，利用的咖啡渣达 100 吨，为实现废弃物回收再利用提供了新的解决方案；推出“雨翼科技”无氟防水面料，除了不含氟，该面料使用的防泼水剂中 60% 的原材料属于可再生原料，用从植物中提取的材料制成无氟防水面料制作服装，减少了纺织工业给环境带来的污染；推出“唤能科技”环保系列，采用以回收废弃塑料瓶为原料制成的再生涤纶面料，制成唤能科技环保服装，2019 年第三季度，安踏共计回收废弃塑料瓶 770 万个；最新的一件具有代表性的环保产品是“霸道环保鞋”——从革料到网布，从飞织鞋面到 TPU 应用，包括

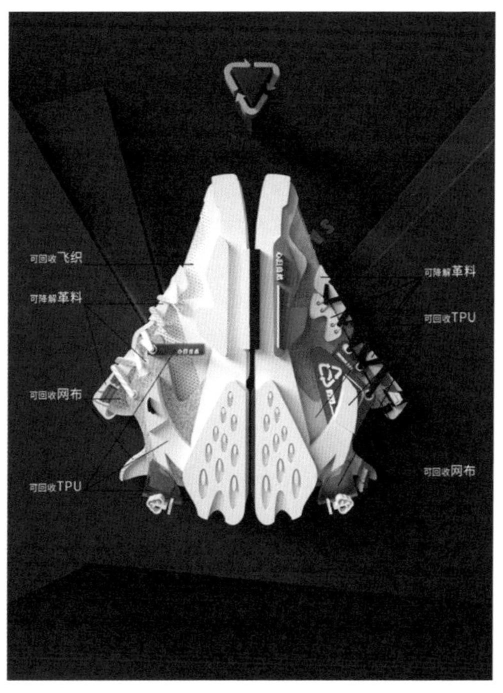

一双“霸道环保鞋”有 20 个部件均采用了可降解或可回收材质

独特的软木塞纹路贴片等，一双鞋中 20 个部件均采用了可降解或可回收材质。

截至 2020 年底，安踏集团已累计推出环保纤维面料服装 1600 万件、无氟防水面料服装 400 万件、有机棉面料服装 293 万件。这些以环保为理念的创新产品的面市，清晰展现了近年来安踏集团在探索环保面料和研发推广环境友好型产品方面的步伐在不断加快。

保护地球，与自然同行

在此基础上，安踏集团对环境责任的追求不断深入，并关注到全球最大的非政府环保组织世界自然基金会（WWF）在环境领域的专业性与影响力。

WWF 的使命是遏止地球自然环境的恶化，创造人类与自然和谐相处的美好未来。为此，WWF 致力于保护世界生物多样性，确保可再生自然资源的可持续利用，推动降低污染和减少浪费性消费的行动。作为第一个受中国政府邀请、1980 年来华开展保护工作的国际非政府环保组织，WWF 进入中国已经有 40 余年，见证了这个世界上增长最快经济体的发展历程，同时也致力于推动中国在生态可承受范围内寻求发展，鼓励中国成为全球的环保先锋。

如今，中国已是全球规模最大的纺织品服装生产国、消费国和出口国，中国在纺织行业绿色转型方面肩负重任。据悉，WWF 在十年前就开始推动中国纺织行业的绿色转型；2020 年，WWF 与中国纺织工业联合会共同开启了“纺织行业绿色发展服务平台”的设计和开发项目。这与安踏集团希望深入推进自身和行业的绿色转型的意愿不谋而合。

2020 年 8 月 19 日，安踏集团与 WWF 举行签约仪式，安踏集团成为首家 WWF 在中国体育用品及纺织行业的全球战略合作伙伴。在三年的合作框架中，双方将共同检索安踏集团从生产到销售全过程中的环保问题，共同提出解决方案，以全球视野引领绿色变革。

在申报成为 WWF 全球战略合作伙伴的过程中，安踏集团历经了 WWF 严谨乃至严苛的审核程序：详细整理安踏近些年来在环境保护方面的投入和成果等数据，梳理部署安踏集团未来在环境可持续发展上的规划，且细化到水、森林、塑料等环境影响的指标。

WWF 的全球委员会则站在“一个地球”的视角对安踏集团进行全面评估，并审核与安踏集团的合作项目是否可行并具有行业乃至全球的引领价值。最后，WWF 的全球战略总监、全球森林总监，以及塑料领域、生物多样性保护领域和传播领域共计 5 位总监在确认合作方案没有问题，并为安踏集团亲笔书写推荐信后，安踏集团的申报才最终获得通

安踏集团与世界自然基金会签署全球战略合作伙伴协议

过。这样的自我审查与检视过程让安踏集团从更为专业的视角审视自身的环境保护思路与措施，从而不断优化方案、激发雄心。

在与 WWF 全球战略合作伙伴签约的仪式上，安踏集团公开宣示：安踏集团将与 WWF 共同推广纺织工厂评估和改进系统（FAIS）；共同开发和推广纺织行业绿色转型创新解决方案；通过分享、交流纺织行业内不同利益方的最佳实践，实现更好的供应链管理和全行业的协同行动，最终达到促进纺织工厂绿色转型的目的。为此，安踏集团作出了全方位的承诺：

在保护生物多样性方面：

● 与 WWF 共同推广人与自然和谐新共识，为 2030 年之前扭转生物多样性丧失的趋势而采取行动；

● 支持森林和景观恢复项目，首批项目将在西双版纳和北京的重点地区开展，计划完成 600 亩示范恢复试点，并为当地农户提供发展生计培训；

● 联合开发具有生物多样性教育意义的商品，商品所得收益将用于全球生物多样性保护和公益项目。

在引领和推动供应链绿色转型方面：

● 参与并持续改进至少 3000 家规模以上纺织企业供应商的水、能源利用、废弃物排放和供应链管理；

● 实现工业增加值能耗降低 30%，工业增加值用水量降低 22.5%；

● 主要水污染物（COD、氨、氮）总排放量累计减少 15%，以此减少纺织行业对环境的不利影响，削减淡水、气候和生态系统足迹；

● 减少过度包装，塑料包装袋由 PE 材料逐步转为 100% 可再生循环 LDPE 环保材料，同时将探讨取消或减少塑料包装使用，纸包装将逐步向可再生循环或 FSC 认证的纸质产品转型。

在开展公众环保倡导方面：

● 联合开发有教育意义的商品，将商品收益用于生物多样性保护项目。

深入变革，探索绿色转型的 N 种可能

可持续发展已成为全球共同的话语体系和目标，大家开始深刻反思“人与自然”的关系，人与自然如何和谐共生。体育用品行业是关系到人民追求美好生活的民生行业，但是整个纺织行业对全球的淡水、气候、生态足迹等方面也造成了一定的影响。安踏集团希望通过实践行动接轨联合国可持续发展目标，深入推动消费者的环保意识，联合上下游合作伙伴共同构建行业绿色发展体系，推动环保标准在行业的落地，推动中国纺织服装行业的绿色转型。

采用以回收废弃塑料瓶为原料制成的再生涤纶面料，制成唤能科技环保服装

2019 年，安踏集团在综训品类推出唤能科技环保系列时提出，推动可持续发展是其创新领域的重点工作，要尽力承担为环境保护事业做贡献的企业社会责任。安踏集团希望通过向公众传播环保信息来履行企业公民的责任，呼吁社会各界一起行动，带动消费者一起加入支持环保商品的行列，为可持续性消费做出更多努力。

不局限于自身的绿色转型探索，安踏集团作为中国运动鞋服行业的引领者，更致力于推动行业的绿色转型，乃至引领中国纺织服装行业的绿色发展。但要推动行业绿色转型，单靠安踏集团一家是很难的。对内，要平衡企业经济利益、环境利益和社会责任；对外，必须带动上下游一起不断探索，共同推动中国纺织行业绿色发展体系的构建。此次安踏集团成为 WWF 的全球战略合作伙伴，就是希望借助 WWF 的专业力量和全球网络，共同为中国纺织服装行业绿色转型提供专业的解决方案。

在 WWF 的专业支持下，安踏集团系统梳理了自身对环境的影响，集团内采购、产品研发、设计、生产及营销管理等部门都将持续接受有关绿色转型的系统培训，将绿色转型落地到企业生产经营的方方面面。

可持续发展不是简单的口号，而是安踏基于责任竞争力的深入变革。

作为行业领军企业，率先提出并引领行业绿色转型。安踏品牌的塑料包装一年就有上亿个，因此，安踏集团探索减塑方案，将塑料包装由 PE 材料转为可再生可循环的材料。纸包装在鞋服行业应用非常广泛，如鞋盒、纸箱和吊牌。安踏集团计划将普通纸包装转向可再生可循环和 FSC 认证的纸包装。此外，安踏集团将通过带动供应商参与转型，实现能耗、用水量、污染物的降低。

充分发挥产业链价值优势，打造责任供应链。纺织服装行业的环保问题涉及供应链的各个方面、各个环节，安踏利用自身优势，积极协调上下游的合作伙伴，促进整个供应链的绿色转型，打造责任供应链，对供应商管理引入环境保护标准，鼓励供应商获得认证，

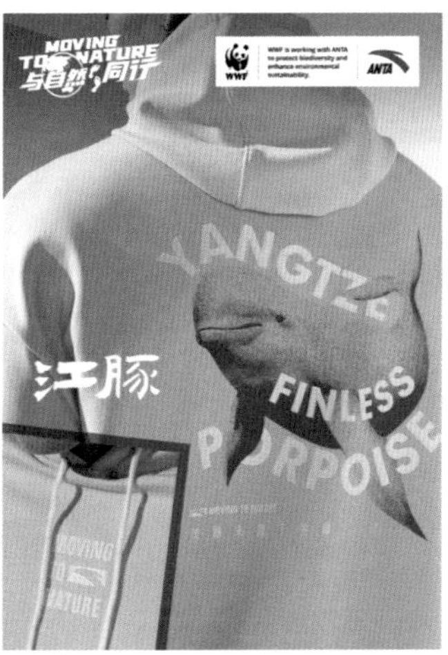

安踏与 WWF 联合开发具有生物多样性教育意义的商品

确保原料制作的生态环保。

充分发挥品牌效应，引导公众可持续消费。安踏是全球第三大体育用品集团，集团下现有 23 个品牌，有能力影响上亿的消费者。在 2020 年的“地球一小时”活动中，安踏集团不仅深度参与，还通过签约运动员的明星效应，倡导“与自然共生”，共同“为地球发声”，推动人与自然和谐共处，实现全球可持续发展。在安踏终端店面播出的环境保护宣传片，播放量达 24 亿人次。此外，安踏集团通过与 WWF 合作，开发带有濒危动物形象的商品，将环保倡议融入商品的原料和视觉表达中，引导更多消费者关注生物多样性议题。

让环保理念深入员工，积极引导可持续的生活和工作方式。安踏集团特别关注每个员工的行为方式，将绿色环保理念植入员工言行，推出绿色行动，倡导安踏人可持续生活方式，颁布了绿色办公室指南，推出绿色志愿者，举行绿色、低碳出行，减塑行动等活动。安踏集团还倡导大众参与，一起探索在零售终端进行更深入的合作。

多重价值

2020 年 12 月，《安踏集团社会责任报告 2019—2020 版》围绕“以更小的影响，创造更大的价值”的环境目标，从“绿色设计”“绿色生产”“绿色储运”“绿色销售”等层面，以翔实的案例、丰富的数据，全面、系统地阐述了安踏集团开展产品全生命周期环境管理的亮点实践及成效，在第十三届中国企业社会责任报告国际研讨会暨“金蜜蜂 2020 优秀企业社会责任报告”发布典礼上，荣获“金蜜蜂 2020 优秀企业社会责任报告 环境责任信息披露奖”。

2020 年 12 月，安踏集团凭借在人力资源管理及雇主品牌建设、社会责任践行及贡献方面的突出表现，在 2020 中国年度最佳雇主颁奖盛典暨中国人力资本国际管理论坛上荣获“2020 中国年度最佳雇主百强”称号。

2020 年 12 月，安踏集团作为行业内热衷探索与实践、颠覆与创新，对产业进步有突出贡献的企业，在南方周末年度盛典上获评“年度影响力企业”。

2020 年 12 月，安踏集团凭借在复杂多变市场环境中的果敢创变，在 2020 年第 13 届 21 世纪商业模式高峰论坛暨 2020 年中国最佳商业模式评选颁奖典礼上，荣获 2020 年度“中国最佳商业模式创新奖”。

2020 年 11 月，安踏集团凭借为疫情防控保卫战做出的贡献、“扶体扶智”深化精准扶贫和绿色环保领域的行业引领行动，在商业向善，共享质量未来——2020 腾讯新闻责任力年度论坛上获得“年度中国益公司”奖项。

未来展望

真正优秀的企业要为社会文明进步做出自己的贡献，用企业的力量推动绿色环保，呵护人类唯一的家园。

在安踏集团 30 年的发展历程中能够清晰地看到，安踏从以生产为中心、以消费者为中心，到以行业为中心，再到以“人与自然和谐共生”为中心的价值观的转变，看到推动行业可持续发展，推动人与自然和谐共生在企业领导者心中的分量越来越重。安踏的行动案例，也是一个生动的中国品牌走向世界的故事，这便是“高标准对标 全方位行动”带给中国企业的启示。

绿色转型不是简单口号，而是安踏的深入变革，是设计—采购—生产—销售—售后全流程的变革，是推动中国纺织行业转型发展的一次变革；绿色转型也是安踏代表中国企业在创建世界一流企业中的努力，标志着中国企业不仅有强大的制造能力，同样也有共同应对全球性环境和社会挑战的责任和坚定的可持续发展决心。尽管这场“绿色转型”刚刚开启，但不能忽视其从中发掘的源源不断的创新动能。

三、专家点评

一家成功的企业如何成为更成功、更受人尊敬、更受国际社会认可的企业，是许多快速成长、谋求更大发展的领先企业都在思考的问题。当前，可持续发展已成为国际社会的普世价值观，是全人类的共识与目标——经济、社会、环境平衡发展，人与自然和谐共生。我们欣喜地看到，不少领先企业在国际化的征程中，对可持续发展理念从主动认知到深度拥抱，并将此纳入自身的运营管理过程中，实现企业经营价值观的飞跃。安踏集团便是其中之一。

——《可持续发展经济导刊》评论

纺织行业产业链上企业众多，业务规模和管理水平参差不齐，企业管理者的环保理念也有很大的差异，这给纺织行业解决环境污染问题带来了较大的复杂性和不确定性。在这样的情况之下，像安踏集团这样在行业内占有一定主导地位的企业主动站出来，利用自己的优势资源，积极协调上下游利益相关方共同行动，将会为促进纺织行业绿色转型带来助力。

——《21 世纪经济报道》评论

伴随着经济的崛起，越来越多的人树立起环保消费意识，这驱使着纺织业进行生产方式的环保升级和可持续发展。安踏集团在严格要求自身的同时，通过水、能源利用、废弃物排放和供应链管理的经验分享，以及环保技术和环保材料的普及，势必会带动整个行业的环保升级。

——《华商韬略》评论

当下新冠肺炎疫情还未完全散去，体育行业正处于待兴时刻，安踏集团作为中国代表性体育用品企业，不断思考商业与自然的关系，积极推动行业内绿色转型之路，推动中国体育事业朝着健康、良性、可持续发展目标迈进，更显这家千亿市值企业的社会责任担当。

——《体育产业生态圈》评论

礼遇自然

国网无锡供电公司

优化管理实践，推动长江大保护和绿色转型发展

可持续发展目标

一、基本情况

公司简介

位于太湖之滨、运河之畔的国网江苏省电力有限公司无锡供电分公司，是国网公司系统中最年轻的大型供电企业，下辖江阴、宜兴两个县级供电公司，肩负着为全市 384 万用户提供安全可靠电力供应的使命。

行动概要

针对长江流域水生态损害、水环境污染及其相关的民生发展问题，无锡供电公司全面开展长江大保护议题管理实践，从部门职责界定、利益相关方及其期望识别、长江大保护行动识别评价、法律法规及其他要求合规性评价、风险及管控、机遇与成功判断、目标指标与措施、人员管理和培训 8 大方向入手，建立“内部管理优化 + 服务端升级 + 协同利益相关方”的多层次策略，系统设计并发起了包含 27 个子项目在内的行动组合框架，以确保电网规划建设对长江生态的影响降至最低，并有效回应了多项联合国可持续发展议程目标。

二、案例主体内容

背景 / 问题

长江的水资源总量约占全国总量的 35%，是中国重要的战略淡

水资源库。长江经济带则是长江流域的核心地带， 包含上海、江苏、浙江、安徽、江西、湖北、湖南、重庆、四川、云南、贵州 11 个省份，面积约 205 万平方千米，人口、经济总量均超过全国的 40%。

然而，近现代以来，受不合理的生产生活方式的影响，长江经济带成为我国水环境问题最突出的地区之一。国家发展和改革委员会多次强调，长江经济带水环境存在“4+1”污染源，即城镇生活污水垃圾、化工污染、农业面源污染、船舶污染以及尾矿库污染。监测数据显示，长江流域接近 30% 的重要湖库处于富营养化状态，其废水、化学需氧量、氨氮排放量分别占全国的 43%、37%、43%，强度是全国平均水平的 1.5~2.0 倍。长江经济带生态系统格局变化剧烈，农田、森林、草地、河湖、湿地等生态系统面积减少。上游水土流失严重，中下游湖泊萎缩、湿地生态系统功能退化，水生生物多样性指数持续下降，生物完整性指数一度达到最差的无鱼等级，多种珍稀物种濒临灭绝。

2016 年初，习近平总书记在重庆召开的推动长江经济带发展座谈会上强调：“当前和今后相当长一个时期，要把修复长江生态环境摆在压倒性位置，共抓大保护，不搞大开发。”由此，“长江大保护”成为基于长江经济带战略而提出来亟须完成的一项严峻的任务。

推动长江经济带发展、实施长江大保护不仅有利于充分发挥中上游广阔腹地蕴含的巨大内需力量，而且也可促进经济增长空间向沿江内陆拓展；有利于优化沿江产业结构，推动我国经济提质增效升级；有利于保护长江生态环境，促进长江生态健康发展。电力产业作为经济发展的核心资源，无疑有责任主动参与到长江大保护的事业中来，做到既能支持经济发展，又能坚守生态红线，推动长江流域的能源转型和绿色健康发展。

行动方案

在制定方案框架时，国网无锡供电公司采取的是“先分析全面需求，再匹配具体行动”的思路，即先从多个角度出发，梳理长江大保护议题下的重点需求，再结合企业自身的优势和资源，识别出企业可以有效参与的部分，结合可行性研究开展具体实践，实现多个方向同发力的解决方案。

国网无锡供电公司对需求的分析可以具体分为以下八个方向：部门职责界定、利益相关方及其期望识别、长江大保护行动识别评价、法律法规及其他要求合规性评价、风险及管控、机遇与成功判断、目标指标与措施、人员管理和培训。例如，在风险及管控方面，国网无锡供电公司开发了《风险识别及评价方法》，通过风险概率与风险危害评估，确定风险评估定级，以明确管理优先级与管理方式。除此之外，国网无锡供电公司还曾针对开展江苏电网 500 千伏东二通道输变电工程开展了环境、社会风险评价，完成了江苏电网 500 千伏东二通道输变电工程可行性研究，以确保项目的后续开展能够满足环境保护、水土保持、社会稳定的要求等。

基于上述需求分析，国网无锡供电公司采取了三个层面的行动。

国网无锡供电公司采取的行动

积极响应政策文件，结合有关要求，优化内部管理

其具体措施又可进一步细分为“以法律政策为导向”与“以内部能力建设为导向”两个分支方向：以法律政策为导向的行动，即以贯彻落实与长江大保护相关的国家方针政策、严格遵守相应法律法规为目标推动的职责性举措；以内部能力建设为导向的行动，即以相关指导文件为基础，对企业内部尚有提升空间的环节进行升级建设。

● 执行《江苏省绿色港口建设三年行动计划（2018—2020 年）》，积极推动长江流域港口岸电全覆盖实施。

● 响应长江大保护产业布局优化要求，执行《江苏省发展改革委 省工业和信息化厅关于完善差别化电价政策促进绿色发展的通知》，要求营销部核实相关用能单位的用电信息，及时将加价电费足额上缴财政专户。

● 响应长江大保护提升乡镇交通领域电动化水平要求，明确由营销部牵头，建设部支持实现充电桩乡镇全覆盖。

● 参照《国网江苏省电力有限公司无锡供电分公司电网环境保护责任清单》有关环境保护责任的法律法规，要求建设部、科技互联网部等严格按照生态多样性保护、水土保持国家标准开展建设项目。

● 对照《江苏省国家级生态保护红线规划》优化电网规划布局，确保区内不立塔，对于跨越二级水源保护区的规划，编制专项建设施工方案和施工后生态修复方案，确保不影响湿地的水系、水质、水岸、栖息地等保护功能。

● 根据2020年固体废物污染环境防治的最新相关法律法规，对危险和污染性废旧物资，通过电子商务平台或线下渠道，统一委托第三方招标代理机构进行公开竞价处置，严格要求中标回收商持有危险废物综合经营许可证或资源再生企业资质，按照国家统一标准进行环境无害化处置，加强全过程监管。

● 执行《国家电网有限公司废旧物资管理办法》，规范建设部、科技互联网部等对电网废弃物的处置要求，落实环保要求，保护长江流域生态，减少固废污染风险。

优质服务推动能源转型升级，绿色运营保护长江生态

大力发展清洁能源是当前国际社会应对能源紧缺、保障能源供应的重要发展方向。作为电力能源的配送方，从自身服务端推动绿色电力的供给和消费、协助优化服务地区的能源结构，无疑是国网无锡供电公司落实企业社会责任的重点路径之一。在服务端，国网无锡供电公司主要开展了以下举措：

● 参照《沿海港口岸电实用化系统宣传册》，应对沿海、沿江高压岸电快速接用需求，使用岸电电源车、电缆自动收放系统、船用岸电箱等岸电技术。

● 抓住农业污染严重的痛点，利用风能、光伏、储能、地源热泵等多种绿色可再生能源，实现青禾农场生产装置电力化改造，最大程度地减少传统化石能源造成的碳排放及二氧化硫、氮氧化合物等多种有害物质的排放，减少相应的冲灰废水等对水环境的污染，助力绿色农业发展。

● 部署沿江高耗能企业搬迁转移电力配套服务工作安排，积极响应高耗能企业希望缩短办电时间的需求，对其实行“绿色通道”服务，根据项目的用电时间需求，科学合理确定业扩工程总周期，倒排工期，确定业扩工程各环节计划工作时限，各环节处理部门必须在规定的工作时限内完成相应的业扩工作。

同时，国网无锡供电公司还从自身运营过程识别出保护长江的重点工作，通过应用《江苏省沿江鸟类分布图》，学习鸟类分布的大致范围、活动习性、对各类电网设施的影响以及和谐共处方案，确保在不影响鸟类正常活动的基础上开展电网运维和检修工作；

2019~2020 年，基于相关研究，开展推进了白鹤滩水电入苏、东二过江通道、惠梁线 GIL 管廊、蠡湖变电缆隧道智能化改造等重点项目，根据环保局环境影响评价意见，改进落实环境管理措施，确保工程竣工环保验收达标，提高项目生态、经济、社会效益。

在公司内部，开展以长江大保护为主题的环保工作培训、宣贯长江大保护“共抓大保护、不搞大开发”战略理念，参与长江沿江岸电技术交流推进会等方式加强环境保护管理工作，提高环保工作效率和员工意识，为发挥供电公司在长江大保护工作中贡献锡电力量打下了基础。

和利益相关方深度沟通，结合需求调研与企业资源，开展多方行动

除响应政策、履行部门职责外，国网无锡供电公司还协同多个利益相关方，对企业可以有效参与的领域和方式进行了积极主动的探索。

第一，面对政府。国网无锡供电公司通过主动接洽的方式，对接政府生态环境部针对保护生态敏感区环境、促进区域绿色发展的需求，通过整合外部专家团队科研力量，坚持以“避让→减缓→补偿和重建”为生态修复原则，共同为白鹤滩入苏输电工程制定了环境评估方法、环境保护措施与方案。

第二，面对企业。国网无锡供电公司于 2019 年支持国网江苏省电力有限公司，携手政府、能源领域相关组织、上下游企业、媒体等利益相关方，共同举办了“零碳对话”论坛。围绕对长江大保护理念解读，重要利益相关方对电力行业绿色发展提出了生态多样性保护、减少碳排放、固废回收处理的期望，这为国网无锡供电公司未来开展长江大保护工作提供了创新思路与努力方向。

同时，国网无锡供电公司多次实地考察港口，与港口船舶企业、船民、海事所交流岸电工作过程中的问题，共同明确了“岸电接口建设标准不统一，造成岸电使用率较低”的核心问题。国网无锡供电公司还牵头建立岸电建设运营合作机制，构建专业化服务团队，及时有效获取船舶公司等对岸电

国网无锡供电公司积极推动绿色电力的供给和消费，协助优化能源结构

发展的新需求，保障岸电工程有效投入使用，减少船坞运营排放污染，保护长江生态。

第三，面对公众。国网无锡供电公司通过依据生态环境部下发的《环境影响评价公众参与办法》，重视在项目规划、实施、竣工、运营各阶段，开展建设项目环境影响评价公众参与，在一定范围内听取公众、政府、其他组织的意见。

同时，国网无锡供电公司主动对接无锡政府人社部门为渔民保障生计的需求，走访渔民安置点，安排电线、变压器等用电设施检查改造，宣传用电安全；为无锡阳山镇提供农网改造农业污水处理工程，主动对接无锡阳山镇政府部门、当地村委会、农民等发展需求，推进乡村电气化工作，改造优化乡村污水处理，帮助乡村农业绿色发展转型，严控污水排放为长江减负。

多重价值

国网无锡供电公司深入践行“能源转型、绿色发展”理念，在助力无锡生态文明建设和可持续发展方面取得了多重实效。

在绿色能源方面，2020 年，无锡地区非化石能源发电总量达到 105 亿千瓦时左右，等效减少省内煤炭消耗 587.3 万吨左右，减少二氧化碳排放 1046.15 万吨左右，对于调整能源结构、改善大气质量、推动绿色发展发挥了重要作用。

在岸电改造方面，累计建成岸电系统 116 套，实现了港口岸电江河湖海全覆盖，每年可减少二氧化碳排放 4.1 万吨。截至 2021 年 3 月，国网无锡供电公司已同环太湖湖体的苏州、无锡、常州三地市政府部门、供电公司等签订战略合作协议，三地联动，共同推进绿色太湖建设。覆盖太湖流域船舶岸电系统已经初步建成，未来还将逐步推动环太湖流域 1100 艘作业船的电动化改造。据初步测算，太湖流域船舶全部实现电动化改造后，每年可减少二氧化碳排放 7.5 万吨，相当于中和掉了 27563 辆私家车排放的二氧化碳。

在电能替代方面，“十三五”期间，通过推动政府出台燃煤工业窑炉整治三年行动计划、餐饮电气化实施方案等支持性政策，实现替代电量 87.54 亿千瓦时。

在居民日常用电服务方面，国网无锡供电公司已经帮助 2400 余名因长江禁捕而退捕的渔民解决了生活用电问题，保障了他们的生活和工作需求。

未来展望

长江生态保护与实现“碳达峰、碳中和”有着密切的关联。立足地方社会经济发展、电网特征和资源禀赋，国网无锡供电公司将聚焦能源体系转型，推动能源电力从高碳向低碳、从以化石能源为主向以清洁能源为主转变，引导形成绿色生产和消费方式，为推动长江经济带发展、实施长江大保护以及在江苏率先实现“碳达峰”目标贡献苏电智慧和苏电力量。

推动构建政府主导、企业参与的绿色能源生态体系

制定无锡能源绿色低碳发展战略。支持出台无锡绿色低碳发展战略，以严格的能源转型发展目标倒逼经济结构和产业结构转型，明确实施路径和时间表。充分发挥源网荷储协同联动作用，将电力系统全环节低碳转型发展的重点工程纳入战略规划，加快落地实践。进一步加强与政府的沟通汇报，密切关注政策走向，积极输出公司价值理念，力争获得更广泛的认同、更坚强的支持。

落实政企战略合作协议。认真落实、稳步推进江苏省电力公司与无锡市政府签订的战略合作协议，加强坚强智能电网建设，推进综合能源服务，促进城市绿色发展，推动电力改革和产业发展，持续优化电力营商环境，在无锡打造数字能源高智享的城市能源互联网，保障无锡经济社会高质量发展的用电需求。

推进落实行业实施、多方受益的循环经济发展格局

电力供给侧加快提升清洁发展速度。推动存量燃煤自备电厂关停工作，大力推进新能源发展，提高可再生能源比例。加快建设非水调峰电源，构建“新能源 + 储能”模式，实施煤电灵活性改造。

电力消费侧加快提升低碳利用水平。强化余热、余气等资源的综合利用，加大电能替代力度，推动用电企业及时调整用电行为和模式，积极主动响应电力系统需求，助力以低碳为特征的城市工业、建筑、交通、能源体系建设。

国网无锡供电公司深入践行“能源转型、绿色发展”理念，助力无锡生态文明建设

倡导建设全民参与、共赢共享的低碳生态空间

倡导绿色低碳消费理念。广泛宣传，提高社会各界和民众对节能紧迫性的认识。推动构建以政府为核心、企业为主体、大众广泛参与的能源生态圈，引导各方购买高效节能产品，促进消费合理升级。倡导简约、适度的消费习惯，鼓励合理能源消费，推动消费者选择更绿色、健康的生活方式。

构建绿色低碳生态空间。以各级电网发展规划为基础，协调融合产业、交通、燃气、热力等其他专项规划，在"一张蓝图"上统筹开展城市能源发展规划，推动城市能源规划"多规合一"，有序指导新能源并网接入，强化规划的指导性，减少能源基础设施建设的浪费和矛盾。积极开展生态基础设施、空间绿化工程建设，加强天然生态系统保护，增强自然生态系统固碳能力。

三、专家点评

电力企业的核心运营目标是为覆盖范围内的各方提供高质量电力服务，因此在推进可持续发展的过程中，电力企业的内外部实践会具有较强的相互影响性，调整企业管理同时意味着提升外部服务质量，履行社会责任同时意味着优化内部结构。国网无锡供电公司显然对这一特征有着非常明确的认识，并基于这一背景，形成了内外多角度同步推进的集合式行动方案。

国网无锡供电公司实践的突出亮点表现在：磨砺以须，始终保持着对企业发展外部环境的高度关注，因而能够提前结合外部情况进行部署，主动完成多方面的升级调整，加强服务的适用性；从该实践案例的行动方案中还不难看出，国网无锡供电公司虽积极参与，但并未急于其功，一直遵循"以能力配需求"的行动逻辑，先梳理、调研和分析了企业所在当地各个利益相关方的整体需求后，才根据企业自身的技术和资源优势，有的放矢地开展实践，从而为推进当地的绿色转型发展做出有效贡献。

这给了我们一个很好的启示，即企业推进可持续发展需要配备策略意识。在选择实践领域与方式时，企业不必追求面面俱到，但必须要有所专长，在结合外部需求和内部条件，寻找到最适合自己的切入点后，方可倍道而进。

——中国企业联合会管理现代化工作委员会专家 管竹笋

绿色发展

可持续发展目标

国网南京供电公司

创新共享基站模式，加速 5G 建设

一、基本情况

公司简介

国网南京供电公司是国家电网有限公司下属的大型供电企业之一，负责向全市 11 个区的 440 万余户电力客户提供安全、经济、清洁、可持续的电力供应服务。公司本部设 15 个职能部室和 10 个业务支撑与实施机构，下辖江北新区、江宁区、溧水区、高淳区 4 个县级供电公司。

南京电网现有 35 千伏及以上变电站 310 座，10 千伏及以上线路长度超过 4 万千米，目前已形成了 500 千伏“O”形双环、220 千伏“三片五环”的坚强网架结构。南京电网在省内率先实现了配电自动化全境覆盖，建成全球首个 1.8G 频段全域覆盖的电力无线专网。

如何用可持续发展理念推进新基建、用创新理念提高资源利用效率、让人人都可以享受负担得起的技术和服务，这是很多企业在发展中面临的挑战。国网南京供电公司对标联合国可持续发展目标 9（建造具备抵御灾害能力的基础设施，促进具有包容性的可持续工业化，推动创新），从精准识别问题和挑战出发，利用自身专业优势，终于找到了打开 5G 建设难题的“金钥匙”。

行动概要

作为目前通信领域最前沿的技术，5G 技术是产业变革和智能互联的基础和支撑。进一步加快 5G 基站建设，推动 5G 网络应用发展是新基建之首。然而，5G 基站建设面临着站点资源紧张、建设资金投入大、建设周期长、选址困难、耗电量大、运维成本高等一系列难题，制约着当前 5G 网络快速部署。

面对瓶颈和挑战，国网南京供电公司将“共享”的理念引入城市基础设施建设，率先打破传统行业间资源壁垒，建立“共享基站”新模式。一方面利用电力杆塔部署基站，突破 5G 基站部署难题，挖掘新的业务增长点；另一方面利用社会资源，成功建成全球首个 1.8G 赫兹电力无线专网，以智能互联推动城市发展。

该创新解决方案，有效加速了 5G 新基建的落地，并带来了指数级经济社会环境综合价值的创造,包括大幅降低社会基础设施建设成本,减少公共设备对土地资源的占用,在电力和通信行业间形成资源共享模式，为建设节约型、绿色型社会做出了积极贡献，有效推动了“网络强国”战略落地等。据悉，该模式得到了多方的高度认可，已经在全国大规模推广 。

二、案例主体内容

背景 / 问题

随着新基建提速，我国 5G 建设在全国范围内有力推进。作为数字经济的关键支撑，5G 是人工智能、大数据分析、无人驾驶等新兴产业发展的基础，是助力经济社会高质量发展的重要引擎，有助于扩大有效投资、促进消费升级、创造和激发就业。当然，5G 发挥功能首先要拥有基础的网络覆盖才行，因此，5G 基站的建设部署就尤其重要和紧迫。

然而众所周知，5G 覆盖范围小、建设密度高，需要的基站数量是 4G 的 4~5 倍，面临着站点资源紧张、建设资金投入大、建设周期长、选址困难、耗电量大、运维成本高等一系列难题，成为制约当前 5G 网络快速部署的瓶颈，迫切需要加以破解。与此同时，为更好地满足广大人民群众对优质可靠电能的需要，电力服务的广度和深度不断升级，使支撑电网的电力通信专网不断从变电站向客户侧延伸，解决电网“最后一公里”终端交互的控制难题，国网南京供电在国内率先开展电力无线专网试点探索，并在试点基础上推进规模化建设，已累计建成 540 座电力无线专网基站，南京也成为全国首个实现电力专网全覆盖的城市。但是，在建设过程中发现，虽然供电公司有很多电力基础设施资源，然而在城市核心商圈，电力自有物业资源少、高度低，无法满足基站选址的要求，电力无线专网难以得到推行，这对供电公司来说也构成了非常大的困扰。

行动方案

面对以上难题和困扰，国网南京供电发现，将供电公司现有的电力杆塔资源与运营商 5G 网络部署需求进行对比，会出现超过 50% 的高度匹配，那么在一些城市核心区，长期困扰的 5G 选址问题就能够通过共享电力杆塔得到快速解决，从而有效加速 5G 新基建落地。国网南京供电顺应社会发展需求，秉承合作共赢的发展理念，将“共享”的理念引入城市基础设施建设，率先打破传统行业间的资源壁垒，提出创新解决方案，建立了“共享基站”新模式。

国网南京供电创新“共享基站”模式，加快推进南京 5G 网络部署，主要实现了以下三个方面的创新突破：

创新达成资源共享合作共识

突破行业壁垒，引入“共享”理念，率先与移动、联通、电信、铁塔公司签订战略合作协议，明确在资源共享、技术合作、规划协作方面深化合作，一方面开放共享输电杆塔、变电站、配电箱、环网柜等电力基础设施资源，另一方面依托电信运营商机柜及电源等基础设施，同步建设电力无线专网基站，构建 5G 共建共享生态圈。

创新统一共建共享操作标准

创新采用预制块、附墙多种挂载方式，为在同一站址同时满足三大运营商差异化覆盖需求提供解决方案。在遵循建筑行业、电力行业、通信行业及各自技术规范的基础上，制定推出全国第一个规范化、标准化、流程化、体系化的共建共享的操作方案，涉及需求对接、过程实施、交付起租、运行维护等流程，覆盖评估、设计、施工、验收等环节，并已在全国多地推广使用。

创新形成多方共赢商业模式

国网南京供电公司构建“一站式”托管代运维机制，结合电力常态化运维工作，同时为三大运营商提供 5G 基站巡视、检修等服务，实现“一岗多责”，有效盘活人力资源。电信运营商通过整合社会基础设施，面向社会各行业提供专业规划、站址租赁、巡视维护、电源保障等服务，获得相应服务费用。设备供应商基于基础设施资源整合，扩大 5G 基站设备供应需求，并提供定制化产品服务，不断增加设备销售额。

多重价值

国网南京供电公司创新“共享基站”的模式，贡献实现可持续发展目标的经验和示范显著，带来了指数级经济社会环境综合价值的创造。

南京供电公司专业团队为5G基站建设提供服务

经济价值创造

对比传统基站，“共享基站”创新模式有效整合公共社会基础资源，避免电力和通信企业的重复建设、重复投资，大幅降低了社会基础设施建设成本。一座共享基站可节省建筑成本超过九成，建设周期由 60 天缩短至 3 天。未来 5 年，共建共享合作模式预计可带动南京数字经济增长 3000 亿元以上。

社会价值创造

促进电信网络广覆盖、快覆盖，有效助力推动“网络强国”战略落地，让 5G 技术应用惠及普通群众，增强群众获得感。同时，培育壮大智能产业和能源经济，积极贯彻落实党中央、国务院关于“新基建”决策部署相关要求，为南京推动数字经济发展、孵化智慧能源新业态提供了可持续发展的动力。

环境价值创造

减少了公共设备对土地公共资源的占用，美化了城市环境。据测算，每共享一座电力杆塔，可减少征地面积 30 平方米、节约钢材 15 吨，按照现有电力设施 10% 的共享比例估算，仅南京便可减少征地面积 84 万平方米，相当于省出了一个南京南站的面积；减少使用钢材 42 万吨，相当于节约出了 1.1 条京沪线的钢材使用量。

目前，国网南京供电公司创新“共享基站”的模式以实际行动践行“创新、协调、绿色、开放、共享”的新发展理念，为建设节约型、绿色型社会做出贡献，其经验做法得到了江苏省工信厅、南京市人大、工信局的高度支持，并被写入了《南京市第五代通信产业发展推进方案》，获得新华社、《新华日报》等权威媒体广泛报道，该模式已经在全国开展大规模推广 。

未来展望

“共享基站”模式总体代表了跨界共建共享的发展方向，但从实践探索看，随着未来在更大范围、更深层次地推进共建共享，可能也面临着一些新的挑战和难题：一是完善沟通协调机制，更加降低沟通成本，如还需要多方的联动推进，还缺少信息的共享平台等；二是创新分享机制，更加符合参与各方利益，如更加科学合理的基础资源租赁商务定价体系等；三是完善技术标准，更加统一不同运营商的技术标准，如各家的设计方案不尽相同；四是平衡好短期利益和长期风险，更加良性竞合，如如何防范新的市场垄断对技术进步的限制等。

三、专家点评

项目的特点

首先，突破界限体现的是一种组织创新和管理创新。作为国有企业的国网南京供电公司，主动突破组织边界，与客户共享资源，反映的是企业从传统的垂直层级组织管理转向横向跨边界、组织间网络的组织创新和管理创新，体现的是一种主动担当和站在更高角度认识国有企业在高质量发展过程中可以发挥的作用。

其次，打破组织边界还体现了共生的经营理念，从营造产业生态系统的高度推动了供电企业和电信运营商的紧密合作。多方统一共建共享标准化、流程化、体系化的操作标准，从系统角度考虑资源利用效率和设备技术的规范化，进而可以实现规模化效应，如节约土地面积、减少钢材消耗等，都体现出从产业生态系统角度推进可持续发展目标所能够产生的巨大价值。因此，基于生态系统的理念突破组织边界，开展组织创新、管理，是一种进步。

管理启示和意义

第一，国网南京供电公司运用“创造共享价值”的思想开展工作，从考虑如何为电信运营商的业务提供更好的增值服务出发，与客户携手一起营造产业生态系统，创造共享价值。

第二，企业在追求社会效益和经济效益、社会影响力和企业竞争力之间并不存在二选一的问题，二者并不冲突。国网南京供电从技术、组织和系统层面体现了自觉自发开展以可持续发展为导向的创新优秀实践。

第三，当一个企业在管理创新方面做出一定探索和取得成功之后，如何进一步扩大影响力，在更大范围、更高层面上产生带动作用，这是对很多可持续创新模式的一个挑战。而本案例鲜明地展现了基于产业生态系统层面的共享基站模式已经得到了大范围的推广应用，产生了巨大的经济、社会和环境价值，这是本案例最大的亮点所在。

未来挑战和深化

从管理的角度来说，随着今后企业间跨界合作的进一步深入和常态化，这个生态系统是否仍然保持开放，还是只限定于目前的几个伙伴？从国网南京供电公司来说，如何从过去的垂直层级组织管理转向为横向扁平化的组织间网络管理，如何主动适应并积极探索管理创新，在组织、沟通、研发等方面不断提升，以产业生态系统的视角来进行组织变革，这意味着更多的管理挑战和自我革命。

从技术的角度来看，这种“共享基站”模式有没有技术风险？企业之间是否就风险共担达成共识？这个模式目前在推广过程中是否遇到了挑战和限制？如果有，是如何突破的？

从更深层次的企业核算来说，是否可以将节约的土地、减少的钢材消耗等间接转换为碳减排？企业如何更全面、更科学地衡量“总体社会影响力”(Total Societal Impact)？

目前，南京供电公司与几大运营商的合作模式是否可以将这种合作和信任制度化，通过开发数字平台，共享知识、共享数据，更好地对接和匹配供需双方，更加智能化地提高共享基站的运营管理。

未来，国网南京供电公司是否还有可能与行业外的其他企业（如能源行业）开展共享，共享数据、共享技术领域的见解和解决方案，一同构建更加智能、稳健的智能电网，为客户提供更多增值服务。

——西交利物浦大学国际商学院副教授 曹瑄玮

绿色发展

国网湖州供电公司

“生态 + 电力”赋能城市绿色发展

一、基本情况

公司简介

浙江湖州是习近平总书记“绿水青山就是金山银山”理念的发源地，是全国首个地级市生态文明先行示范区。国网湖州供电公司是国有大一型供电企业，公司以“绿水青山就是金山银山”理念为指引，聚焦于供应经济适用的清洁能源、应对气候变化、打造可持续的城镇和社区等可持续发展议题，通过开展“生态 + 电力”社会责任主题实践，全力为湖州提供稳定、清洁、可持续的发展驱动力，是湖州实现可持续发展的重要贡献者与推动者。

国网湖州供电公司广泛协同各利益相关方，构建覆盖全社会的“生态 + 电力”平台，打造绿色岸电、全电物流、纯电公交、全电景区等示范项目，建设全国首个“生态 + 电力”示范城市，推进全社会能源消费绿色转型，有效支持联合国可持续发展目标。

行动概要

2015 年以来，国网湖州供电公司在湖州将电力发展与城市生态文明建设深度融合，推动建设“生态 + 电力”示范城市。

一是电力主推、覆盖各方，力建最广泛的利益相关方合作联盟。

促成建立副市长牵头，职能部门协同，银行、电力设备制造厂家、企业、商铺、民宿、公交公司、街区、学校、游客等利益相关方广泛参与、覆盖全社会的“生态 + 电力”共建平台。

二是多方合作、共建共赢，力促最大化的综合价值实现。围绕多方共织“生态电力网”，赋能交通、企业、民宿、商铺、农业、居民生活转型升级，助力打造运河全流域岸电推广项目，电动公交城乡全覆盖工程，“绿聚能”民宿高效用能产业生态圈，打造国内首个“全电物流”模式和国内首个农业电力物联网示范村，显著推动经济提效、环境保护和社会发展。

三是开放共享、彰显价值，力求最深入的价值认同。建立用能分析和能效评价模型，搭建与利益相关方的适时数据共享和信息互通平台，在文化街区推出沉浸式、互动式责任之旅深度体验，联合承担全国生态文明现场教学任务，在全社会形成多维度、多领域的持久影响力。

二、案例主体内容

背景 / 问题

能源的清洁化使用是实现城市绿色发展的关键因素。作为最清洁低碳的能源，电力是赋能城市绿色发展的最佳途径之一。然而，当前能源转型升级仍然面临清洁化水平不平衡不充分的问题，主要体现在：一是电能替代进程面临非清洁能源利用“点多、面广、隐蔽性强”的特点，缺乏统一行动共识；二是前期电能替代以示范为主，政策优惠有助于提高不同用能主体的积极性，然而随着替代持续深入推广，一直靠政策优惠不是长久之计，形成长效机制才至关重要；三是各地区电气化水平依然有差异，围绕着未来电能全面替代下绿色电力生产、输送、消费可行性仍缺乏统一的规划安排，缺乏有效的推进路径。

行动方案

多方合作，共建最广泛合作联盟

一是构建政府主导、电力主推的责任体系。湖州市委市政府将“生态 + 电力”工作纳入“两山”理念实践、生态文明建设大格局，成立湖州市“生态 + 电力”工作领导小组，以湖州市分管副市长为组长，22 个市政府直属单位和部门为成员，并将“生态 + 电力”工作列入对县区政府责任考核内容。

二是建立“生态 + 电力”平台。组织湖州市 55 家电力企业共同签署“生态 + 电力”绿色联盟倡议书，成立绿色联盟，建立综合能源服务平台。协同金融机构、电力设备制造业、交通运输业、民宿行业、个体商户、社区、学校、居民等利益相关方广泛参与，构建覆盖全社会的“生态 + 电力”共建平台。

三是启动“生态 + 电力”示范城市低碳发展机制。湖州市委生态文明办、湖州市生态环境局、湖州市自然资源和规划局、国网湖州供电公司共同发布了《关于湖州“生态 + 电力”示范城市低碳发展机制的实施意见》，鼓励部分行业企业、社区、家庭和个人群体开展低碳发展试点示范，逐步构建公众碳减排积分奖励、项目碳减排量开发运营的低碳发展机制。

示范引领，共创最大化综合价值

一是实施履责实践项目化管理。以“推动绿色生产、服务绿色生活”为主线，以社会责任根植示范项目建设引领“生态 + 电力”落地实践。与镇、村、社区合作试点打造安吉余村“两山”能源互联网示范工程、湖州“生态智慧社区”等一批示范项目。聚焦生产、生活等领域绿色用能需求，与政府、企业、个体商户等合作推进“纯电公交”“绿色岸电”“全电物流”“全电景区”等示范点建设。

“绿色岸电”运用综合价值理念重新构建岸电建设的投资决策依据，解决缺乏投资动力的问题；引入社会资源整合的思想，聚合原本孤立分散的各利益相关方，形成包括地方政府、电网公司、港航管理部门、节能服务公司等在内的浙江省内岸电推广小联盟，促进岸电建设和运营模式的统一共享；根植可持续性理念，推动促成国家电网公司出台京

湖州城东水上服务区岸电全景　徐昱摄

杭运河、东南沿海以及长江内河“两纵一横”岸电发展战略，推动促成由交通运输部、国家能源局、国家电网公司三方组成的岸电推广大联盟，为岸电全覆盖持续创造良好的外部条件。

“全电物流”建成了国内最长的22千米全封闭、全架空电力输送带，实现了运输、仓储、装卸、泊船等环节全部用电。通过与南方水泥有限公司开展中央企业跨界合作，双方以综合价值创造为目标，以多方共赢为原则，形成“政府主导、电力主推、企业主体”的共赢发展机制，共同开展“以电代油”技术方案创新和配套电力设施建设，彻底破解成本无法合理分摊、利益无法实现共赢的难题。项目建成后全年可节约燃油2026吨，减少尾气排放14278吨。如今，全电物流二期工程已正式启动，将建设一条连接浙江长兴和安徽广德两地的全长35千米的跨省全电物流输送带。

成立长三角生态能源碳汇基金。联合湖州市自然资源和规划局、市生态环境局共同发起成立长三角生态能源碳汇基金。该基金委托湖州市慈善总会管理，立足长三角地区，以应对气候变化为目的，开展节能技术咨询服务和植树造林活动，向企业和个人积极推广生态能源应用。

二是创新商业模式。湖州公司将社会责任理念充分融入电能替代、综合能源服务等具体业务中，转换只从供电公司角度或者政府等单一角度来看具体问题，引入各利益相关方视角，并将社会方法和工具拓展应用到服务对象中。通过识别分析服务对象的利益相关方，与企业的利益相关方建立合作共赢的商业关系，探索更加可持续的商业模式，实现价值最大化。

构建“绿聚能”商业模式。开展全电智慧民宿物联网建设，深入民宿布局感知设备，建立用能分析和能效评价模型，引导民宿进行取暖、厨房等以电代油、以电代煤设备改造，帮助民宿老板开展综合能源服务，降低用能成

湖州德清莫干山地区大力实行民宿电能替代，推行居民电采暖，助力民宿经济发展绿色化　潘志强摄

本、统一能效规范。通过与银行合作，为民宿主绿色用能设备改造提供贷款便利，建立以能效数据构建绿色金融、引导绿色消费的商业模式，打造绿色用能产业生态圈，形成“民宿收益增加、游客体验提升、产业链供应商抢占市场”的共赢生态。

建立多元化股权投资公交充电站“投建营一体化”商业模式。在推进“电动公交全覆盖”上，引入交投集团、交水集团、城投集团等多元化股权投资，实行“投建营一体化”的商业模式，投资建设 31 座公交充电场站，推进湖州市电动公交全覆盖。配套建设湖州市新能源汽车和充电设施智能服务及监管平台，为政府公交充电管理提供数据支撑和保障，满足公共充电需求。目前，已为 1200 余辆电动公交提供充电服务，累计充电 3600 万千瓦时，累计减少标准煤消耗 1.45 万吨，减少二氧化碳排放量 3.59 万吨。

三是探索持续推广。多次组织国家级、省市级研究机构、电网企业及地方政府等专家实地调研，讨论“生态 + 电力”规划、建设、示范项目实施等内容。促成政府发文在公司成立湖州市生态能源研究所，为地方政府政策制定提供决策参考服务，促进成果孵化。与浙江生态文明干部学院合作设立生态文明现场教学基地，开展生态能源专题培训，承担全国生态文明现场教学任务。

推动产业智能化升级。在农产品加工方面，推动农机装备智能化，推动建立全电智慧生产线。在竹木加工方面，推进竹木品烘干、熏制、压制等锅炉“煤改电”，示范点企业能效提升 20% 以上。

建设新时代乡村电气化，积极响应乡村振兴对电能的新需求，在“两山”理念发源地安吉开展乡村电气化示范县建设，打造服务乡村振兴战略的生动电力实践样本。共建成电气化示范村 5 个、智慧用能示范点 14 个、推广点 131 个、现代农业电气化示范基地 8 个，建设电排灌站 112 个、电气化大棚改造 3 万亩、水产养殖 5 万亩。

建设生态智慧社区，以移动互联、物联网等现代信息技术和先进通信技术为驱动，完善社区太阳能光伏、水电气综合能源数据采集系统、“一车一桩”充电网络系统等智能硬件配置建设运维，开拓智能楼宇、智能家居、智能充电、路网监控、数字生活应用，为社区居民提供健康、环保、舒适、节能的智慧绿色住宅。

理念传播，共植最深入价值认同

一是实施“生态 + 电力”传播工程。9 次上稿新华社动态清样、内参和浙江领导参考；中央电视台、《人民日报》、新华社、《经济日报》66 次报道“生态 + 电力”工作成效，《中国电力报》《国家电网报》等多家媒体头版头条集中报道，形成了广泛的示范传播效应。每年在市政府网络直播构建"生态＋电力"助推生态文明建设新闻发布会，向全社会发布"生态＋电力"白皮书。编写出版了20余万字300余页的"生态＋电力"文学作品，进一步扩大社会影响。

二是发布"生态＋电力"评价指数。推动湖州市政府举办"生态＋电力"示范城市建设国际论坛、发布"生态＋电力"评价指数，度量城市发展水平发挥指数的辐射效应和样板作用，促进"生态＋电力"实践推广。

三是打造持久影响力履责品牌。企业受邀参加第二十五届联合国气候变化大会中国角边会、2019~2020中国节能服务产业年度峰会、浙江省2020年"全国低碳日"活动，向世界发布中英文版"生态＋电力"示范城市建设应对气候变化行动白皮书。积极促成湖州市召开长三角能源互联绿色发展研讨会、"生态能源看湖州"等活动，在全社会形成多维度、多领域、多形式的持久影响力。

湖州祥晖100兆瓦"渔光互补"发电项目由40多万块太阳能板组成，年发电量超过2亿千瓦时　王佳摄

多重价值

通过近年来不断将电力发展与城市生态文明建设深度融合，推进电力清洁化生产，优化社会用能方式，提升清洁电力输配能力、接纳可再生能源能力，倡导公众绿色生活，湖州生态指数大幅上升。

在经济效益方面，供电公司通过各领域电能替代，累计替代电量超过30亿千瓦时。有效降低了利益相关方生产生活成本，其中每户船民节约用能成本3万余元，煤改电让企业运行热效率达95%以上，为企业降低人工成本1/3左右，大大提升了生产的稳定性和安全性。全电物流帮助企业减少运输成本30%以上。

在环境效益方面，实现节能减排，改善生态环境。生态环境持续向好。通过服务清洁能源发展、电能替代、综合能源服务等措施助力应对气候变化，2017年至今相当于减少煤炭使用量超过256万吨，减少二氧化碳排放超过633万吨。湖州市PM2.5浓度从57微克/立方米持续下降到32微克/立方米，下降了43.9%；入太湖断面水质连续13年保持III类以上。

在社会效益方面，居民生活的幸福感和获得感大幅提升，助推浙江清洁能源示范省创建。

未来展望

未来，国网湖州供电公司将从以下几个方面努力，推动示范项目效应逐步向全国范围推广：

一是丰富载体形式，充分发挥展示功能。以利益相关方视角建设“线下＋线上”展厅，在公司内外设置实体展厅，以展板、视频、讲解等形式展示社会责任实践工作成效，并同步上线网上虚拟展厅，向社会公众实时展示社会责任成效。开展互动式沉浸式体验，在绿色岸电、德清莫干山民宿、安吉乡村电气化等示范点，开展责任之旅深度体验，通过对项目的亲身体验，为参观的人留下深刻印象。积极参展外部平台，依托协同内外各类平台资源，创新内容形式，积极参与、多维展示，讲好履责故事。

二是持续输出成果，充分发挥示范功能。时刻保持自身先进性和创新性，开展社会责任基础课题研究，总结提炼建设“生态＋电力”社会责任重点主题实践组织体系、管理体系、业务生态体系及商业模式体系等标准化体系，输出社会责任湖州模式。探索建立示范带动机制，探索建立与其他地市公司的一对一或一对多的合作机制，开展常态化交流指导，通过互帮互促示范带动一批兄弟单位共同进步。

三是创新管理模式，充分发挥探索功能。由点扩面拓展实践“广度”，深化社会责任根植项目管理，加强全公司各专业培育、立项和实施，狠抓项目落地和成果输出，通过“点”的培育到“面”的推广，推进各专业工作更加符合社会责任要求。

三、专家点评

湖州开展“生态 + 电力”示范城市建设，探索、创新、总结推广示范经验，对带动其他城市加快生态化电力文明建设，破解资源环境瓶颈制约，不断提高生态文明水平，具有重要的示范意义和引领作用。湖州实践得益于强有力的组织保障，综合性的政策与制度保障，三位一体的智力支撑，多种类的示范项目建设为引领，以及组织研究构建了“生态 + 电力”绩效评价指标体系，形成开放、合作、多赢、共享的“生态 + 电力”工作格局，全社会共享了“生态 + 电力”的建设成果，通过这个做法，天更蓝了，水更清了。

——国家发改委能源研究所能源系统分析研究中心主任 周伏秋

随着湖州“生态 + 电力”行动的推进，电力也正成为其生态文明建设的重要元素，通过近年来不断推进电力生产化，提升清洁电力输配能力，接纳可再生能源的能力，倡导公众绿色生活，湖州构建“生态 + 电力”的发展理念稳步推进，为全国践行“绿山青山就是金山银山”的理念提供了宝贵的经验。

——新华社中国经济信息社经济智库副主任 李济军

从研究上可以看出，“生态 + 电力”模式对湖州的生态文明建设发挥了重要的支持作用，甚至可以说在一定程度上发挥了引领作用。智慧产业和智慧城市的发展，湖州在“生态 + 电力”方面走出了非常可喜的一步，未来在通过绿色电力支持智慧城市和智能产业的道路上，可以有更多的探索，这个模式非常值得向全世界推广。

——中国社会科学院数量经济与技术经济研究所能源研究室主任 刘强

政策的逐步完善正引导中国企业增强绿色电力消费，并为企业提供了更多可选的方案。企业绿色电力消费的三种方案：一是独立投资或通过第三方投资分布式可再生能源发电项目；二是直接从可再生能源发电公司购电，采购方式包括双方协商、竞标、市场化交易等；三是购买绿证。其中，第二个和第三个方案目前都需要通过完善政策来支持。“生态 + 电力”正好在这方面进行了良好的探索实践，下一步企业在绿色电力消费方面的政策研究应聚焦特定省份，政策沟通交流需要关键股东的参与，同时还应充分采集需求并追踪电力交易进程。

——世界资源研究所能源项目主任 苗红

科技赋能

百度
AI 寻人，技术温暖回家路

一、基本情况

公司简介

百度是全球最大的中文搜索引擎，是中国最大的以信息和知识为核心的互联网综合服务公司，更是全球领先的人工智能平台型公司。

作为全球最大的中文搜索引擎，百度每天响应来自 100 余个国家和地区的数十亿次搜索请求，是网民获取中文信息的最主要入口。百度以“用科技让复杂的世界更简单”为使命，不断坚持技术创新，致力于“成为最懂用户，并能帮助人们成长的全球顶级高科技公司”。百度一直秉承“科技为更好”的社会责任理念，坚持运用创新技术，聚焦于解决社会问题，履行企业公民的社会责任，为帮助全球用户创造更加美好的生活而不断努力。

百度“AI 寻人”项目与民政部合作，利用深度学习技术进行人脸特征的提取，与走失人员数据库中的照片进行实时对比。通过度量学习的方法，在大规模人脸数据训练模型的基础上，使用跨年龄数据进行针对性优化。即使走失多年，在跨年龄人脸识别技术的帮助下也有机会实现重聚。

行动概要

百度 AI 寻人项目是百度应用科技赋能社会的重要展现，对千千万万个寻亲者而言，通过民政部全国救助寻亲网、百度 AI 寻人智

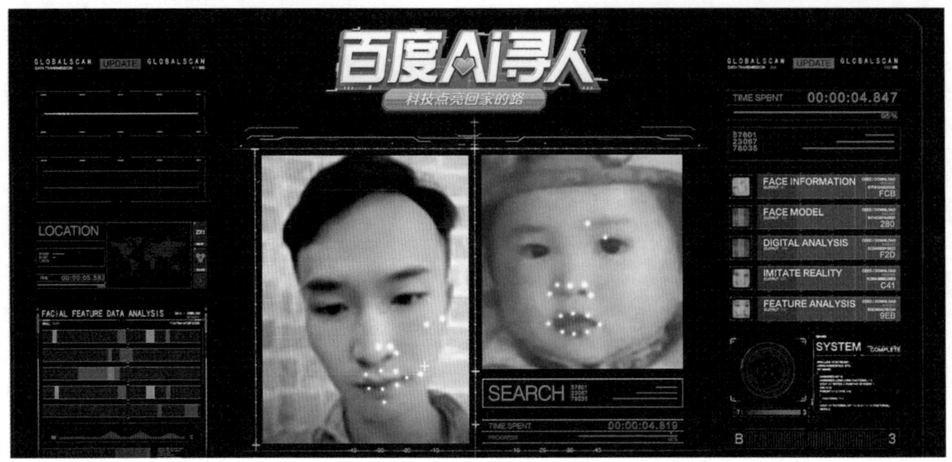

能小程序等上传家人走失前的照片，即可一键与全国各地救助站及宝贝回家等公益寻人平台登记的数万名走失人员进行实时比对，快速锁定相似度较高的照片。基于 2 亿张图片的训练样本数据，百度人脸识别准确率已达 99.7%， 并支持跨年龄段的图像对比。截至 2020 年 1 月 1 日，在百度 AI 寻人平台，用户已发起照片比对超过 39 万次，百度人工智能技术已经帮助超过 10000 名走失者与家人团聚。

二、案例主体内容

背景 / 问题

走失与寻亲是最复杂的社会问题之一。传统的寻亲方式从 20 年前的报案、登报、查询失踪人口档案库、电视寻亲，到这 10 年的打拐微信群和 DNA 寻亲，随着时代的发展，寻人方式不断丰富和改进，寻人效率也在一步步提升。但在寻人的实际工作中，这些方式在某些方面依旧有很大的局限性。

在全国各地的救助管理站，被救助人员大部分是流浪乞讨人员，其中经常会有智障、聋哑人员等不能正常沟通交流的情况。由于部分人员认知程度低，通过传统的问询方式不能获取准确的身份信息，而 DNA 寻亲又受到双方 DNA 采集困难和时间限制，救助管理机构内滞留了大量无法识别身份信息的人员。在这种情况下，人脸所携带的面部特征信息，为寻亲提供了很大的便利。

随着中国快速步入老龄化社会，阿尔茨海默氏症（俗称老年痴呆症）的发病率逐年上升，老人走失已成为一个越来越严重的社会问题。在微博和微信朋友圈，常常能见到网友转发寻人信息，寻亲者焦急的心情令人动容。但这些患病老人常常不能准确表达自己的身份信息和家人的联系方式，人脸识别寻人技术恰好可以解决这一难题。

而在走失人员中，寻找儿童的难度最大。很多孩子在走失的时候只有几岁，失踪多年后，容貌发生了变化，这给寻人带来了很大的困难。近些年，电影《失孤》的热映、李静芝寻子视频在网上的热议等，都真切地反映了寻找走失儿童的困难程度。跨年龄的人脸识别技术则为寻找走失儿童提供了新的可能。

行动方案

作为一家以技术见长，希望发挥技术的社会价值，助力解决社会问题的企业，百度在2016 年底就与民政部、宝贝回家等机构合作，探索通过人脸识别技术，帮助走失人员回家。

2017 年，百度与民政部全国救助寻亲网合作，推出基于人脸识别技术的 AI 寻人平台。首批接入全国救助站内 3 万多条走失人员数据，实现家属上传走失人员照片即可一键对比库内所有照片，系统自动给出相似度最高的 10 个结果。

同年 3 月，百度开始与宝贝回家机构合作，开始通过 AI 技术进行跨龄照片的识别，帮助被拐儿童寻找父母。宝贝回家志愿者协会是在民政部门正式注册的民间志愿者组织，旗下的宝贝回家寻子网站在中国寻亲领域有较大的影响力，宝贝回家在志愿者团队的组建与培训、与各地政府和公安的高效协同关系建设方面，做了长期细致扎实的工作，熟悉相关工作。但是，在技术特别是人脸识别比对等人工智能的应用上，宝贝回家非常需要外部技术公司的支持。宝贝回家平台上有两个照片库：走失孩子寻找父母的“宝贝寻家”和父母寻找孩子的“家寻宝贝”。因此，如何将两个数据库中的照片进行匹配，找出相似的照片，是至关重要的。之前，这两个照片库的筛选对比，主要靠志愿者的人工力量来完成，费时费力，而且人眼非常容易产生纰漏，其中最关键的便是跨年龄段人脸比对技术，如何用技术解决这个问题，便成为百度发力的关键。

为了快速帮助宝贝回家实现寻人信息的集中管理，需要汇集所有线索，应用百度跨年龄段人脸比对技术，寻找高度疑似案例，再交给志愿者团队进行实地调查与追踪。这个过程看似简单，背后却需要从算法到筛选、标注等各项技术的支持。开展合作后，百度 IDL（深度学习实验室）、AIP（AI 平台部）、AIQA（AI 测试部）、众测（平台测试部）等多个部门的十几位技术人员成立了“AI 寻人”虚拟团队。参与项目的百度人员，其实都有日常工作，为了达成目标，大家牺牲了下班后和周末的时间，共同搭框架、跑数据，把项目往前推进。项目组成员每周工作时间基本超过了 70 小时。同时，为了确保跨年龄人脸比对技术的准确性，百度通过动员所有的百度员工贡献自己小时候的照片，以此来不断训练相关模型，确保识别技术的稳定性。

然而，技术的落地并非一帆风顺。在完成技术设计后，正式开始进行人脸图像的识别时，却发现照片的比对工作比预想的困难得多。首先，数据量大，宝贝回家提供的第一批数据就有两万张照片；其次，大量照片不清晰或者无效，如部分人员去世或失踪导致无法追寻、照片经过美化、照片中人物过多、父母无孩子照片直接上传父母本人照片、比对年龄区间较大等，这些问题都给比对工作增加了很大的难度。百度 AI 寻人项目的成员们，不断尝试各种方法对相关问题进行解决，在比对精度与比对效率中寻找最佳平衡点。

终于，在 2017 年 3 月中旬左右，百度 AI 寻人团队向宝贝回家提供了第一批比对结果，其中有两组高度疑似的案例，而付贵便在其中，这也是百度 AI 寻人与宝贝回家合作寻找到的第一个孩子。

案例 | 2 个月为 27 年的寻亲之旅画上圆满句号

1990 年的一个早上，付贵的姑姑付光友送付贵到镇上的幼儿园上学。往常，下午四点放学后，付贵会自己回家。万万没想到，这一天，付贵被拐卖了。2016 年 11 月，付光友的女儿领着付贵的父亲付光发，带着身份证和付贵的照片，在宝贝回家网站上做了“家寻宝贝”的登记。他们不知道，早在 2009 年，已经长大成人的付贵也在寻找亲人，也在宝贝回家网站上登记了“宝贝寻家”的信息。只不过，在家人登记的信息里，付贵出生于 1984 年 11 月 16 日，丢失日期为 1990 年 10 月 16 日，失踪地点位于重庆市石柱县大歇乡。

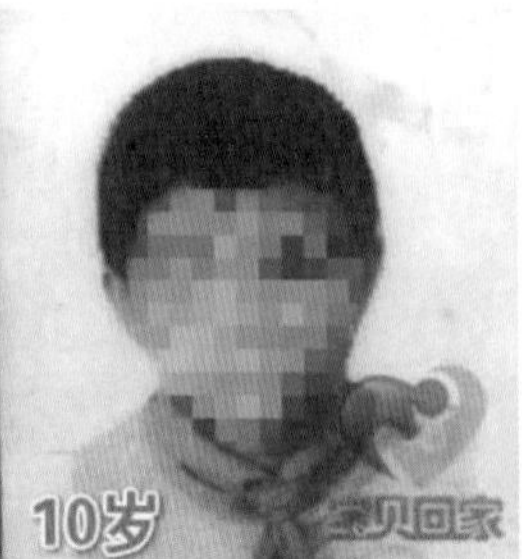

在付贵登记信息中，姓名一栏为“胡奎”，出生日期为 1986 年 4 月

22 日，失踪日期为 1991 年 1 月 1 日，失踪地点位于福建。现在对比这两份档案，出生日期差了一年半，丢失时间差了两个多月，丢失地点更是相距 1700 千米。同时由于付贵早已长大，将 27 年前的照片与 27 年后的照片进行识别匹配，是一项人工几乎无法完成的任务。好在有了人工智能。宝贝回家在百度 AI 寻人团队帮助下，精准识别出了付贵的信息。随后，在福建和重庆，付贵及双亲的 DNA 正式入库做比对，匹配成功！

27 年的寻找之旅在技术的帮助下用了不到 2 个月的时间。

百度的公益行动还在继续。2018 年，通过技术赋能，百度进一步将人脸识别技术的应用拓展到民政社会救助领域，在全国救助寻亲网上增加了人脸识别功能，走失人员家属、志愿者等上传走失人员照片，即可一键与救助站内全部滞留人员照片进行实时比对，寻亲效率得到了极大的提高。同时，在救助管理系统内增加人脸识别模块，为救助站工作人员提供基于数百万历史救助数据的实时人脸识别比对服务，无法识别身份信息的在站滞留人员及二次走失的新入站人员得以有机会更快回归家庭。

案例 | 走失一年后，三天快速找回

朱城市，聋哑人，2016 年 10 月因一场大雾在安徽阜阳太和镇走丢。家人在离家四五十千米的范围内都找过了，但却没有一点消息。在他走失一年后，侄子朱峰看到一例通过网络寻人的成功案例，便尝试着在网上发布寻找朱城市的信息。爱心志愿者看到信息后，将照片上传到百度寻人平台，比对结果给出了 4 张相似度较高的照片，几经核实，最终确认在山东菏泽救助站，登记姓名为“党和民”的就是朱城市。从朱峰发布寻人信息，到接回叔叔，前后只用了 3 天。

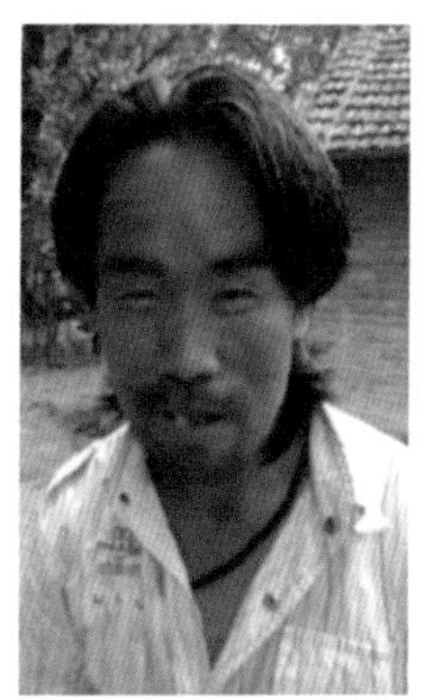

党和民
救助单位：菏泽市救助站
相似度：90%

朱城市在 AI 寻人平台上识别结果

随着手机网民比例逐年上升，2019年初，“AI寻人智能小程序”上线，用户只需在百度App上搜索“寻人”或“百度寻人”，简单上传一张照片，就能与民政部全国救助寻亲网及宝贝回家等平台的数万条走失人口数据进行一键比对。同时，小程序增加了寻亲登记模块，有寻人需求的用户在登记后，信息可实时推送到寻人服务机构后台，提升实时寻亲效率。自2019年初上线以来，通过“搜索＋信息流”的双重加持，智能小程序即搜即得、无须下载的特性，更方便触达有寻人需求的人群。2020年9月，百度将小程序进一步升级，增加了信息推送和网友助力两大功能，帮助更多有潜在需求的用户了解和获取寻人服务。

AI寻人智能小程序页面

为了更好地帮助各地有寻亲需求的家庭，百度与宝贝回家志愿者协会展开合作，通过寻亲大会等落地活动向寻亲家庭介绍AI寻人的使用方法。此外，用户在百度AI寻人智能小程序还可进行寻亲登记，由宝贝回家安排志愿者实时跟进。

项目再创新。2019年，百度寻人团队开始筹措为走失家庭提供更多的支持，从根源上解决部分人员走失问题。在AI寻人项目进行过程中，百度寻人团队逐渐发现有的人一年走失好几次，百度寻人平台多次帮忙找回。在这样的背景下，百度AI寻人项目开始致力于从根源上解决一部分人走失的问题，毕竟AI寻人项目的根本目标，不是帮助社会寻找更多的走失的人，而是让更少的人走失，让更多的人回归家庭。

> “……可能确实是因为百度做得比较早，百度在寻人这件事上思考的也会比较多，我们后面会想说丰富起来寻人的整个闭环，就是不是让大家关注到将人寻回家了，皆大欢喜然后就结束了，我们希望了解这些人走失的原因，比如有的失智的老人或有的人受到不法组织的蛊惑离家出走，他们可能多次走失，所以需要我们从源头给他们提供一些服务。”
>
> “……包括我们自己都会觉得如果有一天寻人这个事情不用做了，就太好了，和其他事情可能不太一样，其他事情可能希望越做越大，如果某一天，这个事情真不用做了，就代表这个社会已经不再需要这样一个服务了，其实是最好的一种状态。”

在 2021 年百度发布的《一条回家路》主题短片中，几段穿越茫茫人海与亲人重逢的真实故事令人感慨动容。与家人走失多年后的他们，在百度 AI 技术的帮助下终于更快地找到了那条通往家的路。

短片中提到："从我记忆里就没叫过妈了"，高峰是河南开封一名普通的农民，但他的经历却不普通。5 岁走失，至今已走失 30 年，还未找到自己的亲生父母。虽然他已经结婚有小孩，也有疼爱他的养父母，但对他而言"找不到亲生父母"是"30 年的心里伤疤"。"找到亲生父母终生无憾，找不到亲生父母终身遗憾"是他无法言说的苦楚，直到他得知了百度 AI 寻人功能后，希望才被再次点燃。

相对高峰，朱少罕则幸运很多。1998 年，3 岁的朱少罕于贵阳老家走失，20 多年来，无数次想寻家的念头和朋友在 AI 技术帮助下寻亲成功的好消息，让他决定自己也要试试。

2020 年 1 月 2 日，宝贝回家的志愿者接手了朱少罕寻亲的任务，在百度 AI 寻人平台上导入朱少罕成年后照片后，发现一个年纪四五岁左右，名叫何芝亮的小男孩跟朱少罕的照片比对相似度高达 60% 以上。为进一步确认，志愿者要来了朱少罕小时候的照片。那一模一样的笑容，更让志愿者确定这很可能就是同一个人。终于，在 2020 年 6 月，走失了 22 年的朱少罕终于回家了。

多重价值

截至 2021 年 1 月，基于 2 亿张图片的训练样本数据，百度 AI 寻人已帮助近 1.2 万名走失人员与家人团聚，让千千万万个寻亲者重获家的温暖。百度 AI 寻人基于 2 亿张图片的训练样本数据，人脸识别准确率已达到 99.7%。在一些特殊场景中，该技术已成为寻亲过程中不可替代的重要工具。

百度 AI 的前行方向将始终如一：关注国计民生，承担科技企业的社会责任；让技术在创造经济价值的同时也创造社会价值，以百度为代表的科技企业的寻人项目的实践与技术社会赋能，则率先打样，为行业提供了一个个生动的案例模板，越来越多的企业开始关注寻人，践行寻人，甚至思考在更多领域使用 AI 来解决社会问题。这种行业的示范效应将给社会带来不可估量的正向影响力和巨大的社会价值。

未来展望

2021 年已是百度 AI 寻人技术落地实施的第 5 年，寻人的成绩，得益于技术的助力，也离不开民政系统、公益组织以及社会热心人士的协助。寻亲成功并不意味着百度工作的结束，未来，在民政部的领导和支持下，百度将进一步发挥技术优势，探索更多 AI 技术的应用场景，为解决更多社会问题贡献力量。

三、专家点评

百度 AI 寻人项目的成功，与政府、NGO 的合作是密不可分的，百度最懂 AI 技术，但在如何将技术应用于社会场景，解决社会问题方面是存在不足的，而政府、NGO 由于长期接触相关领域，了解社会问题的解决方案，但囿于技术的限制，无法将其付诸实践，正是这样的合作使最懂技术的互联网公司与最懂“业务”的 NGO 达成合作，从而实现了社会问题的最优解。

——中国社会科学院社会学研究所研究员 吕鹏

科技赋能

北京全景智联科技有限公司

物联网技术赋能方舱医院守护生命之光

一、基本情况

公司简介

北京全景智联科技有限公司（以下简称“全景智联”）作为一家专业从事“智慧社区”建设和数据运营的服务商，一直以来的愿景和使命是：数据驱动治理，创新引领未来。承接企业的愿景和使命，企业围绕现代化城市发展需求，以智慧社区作为辅助城市积极健康发展的触角，以物联网、大数据、边缘计算等技术为支撑，将“数字化治理”内化至城市发展生态的各个方面；辅以场景化运营，助力现代城市从智能化向智慧化发展，让城市更安全、更智能、更宜居，实现持续繁荣的城市发展新生态。

当前，世界正面临一场前所未有的全球卫生危机。新冠肺炎疫情使越来越多的人遭受苦难，破坏全球经济的稳定，扰乱全球数十亿人的生活。北京全景智联科技有限公司发挥优势，用科技护航方舱医院，为疫情防控做出了积极的贡献。

建设智慧城市在实现城市可持续发展、引领信息技术应用、提升城市综合竞争力等方面具有重要意义。在联合国可持续发展目标中也明确提出：建设包容、安全、有抵御灾害能力和可持续的城市和人类住区。我们以智慧社区作为智慧城市场景运营的切入点，打造出“科技赋能 + 数据服务”双引擎驱动模式，沉淀出一套可复制推广的城市微场景智慧化方案，为各个场景的向好发展持续赋能。

行动概要

2020年2月，为解决武汉市新冠肺炎患者应收尽收问题，光谷方舱医院正式投入使用。全景智联连夜勘察现场，在光谷方舱医院搭建起一整套智慧方舱管理平台。该平台基于物联网智慧感知终端，主要实现对方舱医院内的病患信息数字化采集及区域定位管理，包括按时间、区域对位置及移动轨迹的实时监控、轨迹回放、越界告警等，做到方舱医院内人员可管、可控，提高管理效率。

智慧方舱管理平台由床位二维码、人员信息管理、移动端软件、蓝牙信标、定位防拆手环、定位服务器、地图引擎服务器、管理后台服务器几大部分组成。其中，蓝牙信标采用高性能、低功耗的核心定位芯片，定位精度可达1～3米；服务器均采用可扩展的集群式设计，支持多点位、多机房布点，具备故障检测、故障转移、IDC级容灾备份的能力，能够支撑百万级别的定位请求与用户扩展能力。系统在光谷科技会展中心方舱医院和日海方舱医院成功上线并投入使用后，帮助医院工作人员快速准确汇总了患者的病情信息，实现了病患快速匹配查找，提高了救治效率。用硬核科技温情守护患者，协助光谷方舱医院完成了医护零感染、病患零死亡等重大任务。

二、案例主体内容

背景/问题

新冠肺炎疫情大面积暴发后，党中央一直高度重视疫情的科学防治、精准施策工作。习近平总书记明确指出，要鼓励运用大数据、人工智能、云计算等数字技术，在疫情监测分析、病毒溯源、防控救治、资源调配等方面更好地发挥支撑作用。

2020年2月3日，武汉市新冠肺炎疫情防控指挥部部署全市“四类人员”集中收治和隔离工作，全市收治的病人数量与日俱增。危难显大爱，患难见担当。为积极响应东湖高新区政府对新型冠状病毒防治工作的要求，协助光谷方舱医院精准战疫，帮助超负荷运转的方舱医护人员减负。开舱前夕，一支由全景智联员工组成的“80后”“90后”志愿者队伍，连夜奔赴光谷方舱医院现场开展勘探与评估工作，然而意想不到的困难在等着他们。

第一，医护压力大。光谷方舱医院开舱时正处于武汉医疗资源吃紧的阶段，舱内收治的病患与配备的医护人员数量不对等，防疫救治工作压力巨大，医疗资源难以完全匹配。

第二，数据采集难。光谷方舱占地万余平方米，舱内隔离区与医护工作区条块分散，场景数据难以畅通；同时，舱内收治近千名患者，病理信息难以定期采集上报，更无法实时更新汇总。

第三，病患管理难。病患管理自上而下救治易，自下而上反馈难，舱内病人缺乏自主沟通、求助渠道；病患行动轨迹检测、溯源难，难以解决患者跨区行动交叉感染问题。

第四，人工效率低。在医疗资源稀少、医护人员紧缺的情况下，方舱工作人员需肩负起病例录入、病情研判、护理帮扶、环境消杀等重任，这是单纯依靠人工难以支撑的巨大工作量。

行动方案

时间就是生命，疫情就是命令。为了尽快上线智慧方舱管理系统，全力确保轻症病人救治工作顺利开展，缓解医护人员工作压力，为武汉抗疫助力加油，全景智联志愿者队伍，迎难而上，与时间赛跑，基于全景智联长期的项目部署经验和成熟的智慧社区数据服务解决方案，以及员工不屈的奋战精神，最终于 48 小时内迅速完成了光谷方舱智联管理系统的研发、交付与落地。

全景智联在抗疫一线

第一，物联网智能设备，病患准确定位，数据精准采集。全景智联为光谷方舱医院的病患和医护人员提供了600个具有算法支撑和地图引擎的蓝牙定位信标，1100个具有体温监测、一键报警、位置记录的蓝牙手环。病人入院时领取一个登记了个人信息的手环，便可实时采集心率、血氧饱和指数等健康信息；数据经由蓝牙信标上传至可视化平台，方便医护人员随查随看。

第二，物联网定位，大数据测算，优化人员管理。系统以方舱管理移动端为抓手，研发出人床一体化管理方案，病人使用App扫描所在病床的二维码，可实现一人一档人床信息匹配，支持医护人员对病人进行个性化管理。App数据对接方舱管理平台，可自动规划一条科学送药路线，在大幅降低医护人员感染概率的同时，也让医疗资源得以科学的分配。

第三，云病例共享，云专家会诊，保障高效救治。对待扩散性与致命性极强的新冠肺炎病毒，方舱医院的意义不仅在于“防”，更在于“治”。为防止舱内出现医护人员难以诊疗的疑难症状，平台支持将病人的病例上传至云端大数据中心，引入武汉同济医院专业医疗资源，实现病例共享、远程会诊。

第四，时空大地图，可视化管理，助力科学规划。为方便医护人员操作，光谷方舱智联管理平台配备了清晰无损可缩放的室内地图，地图兼备路线规划与导航功能，辅助工作人员安全帮扶，科学送药。不仅能够缩短工作人员的治疗时间，提升了工作效率，也能够保证将各类生活必需物品在第一时间送到患者手中。

多重价值

方舱智联管理系统作为全景智联第一时间启动的科技防控措施，充分发挥了大数据在疫情阻击战中的作用，助力光谷方舱医院实现了“零医护感染、零跨区感染、零病例死亡”，同时采集了一批疫情暴发窗口的珍贵病理数据，为后期疫情研究工作筑牢了数据底座。

2020年3月6日，光谷方舱医院顺利送出最后一名病人，成为第二个休舱的集中治疗点，舱内875名病人全部治愈出院，真正实现了科技助医、科技抗疫，为保障人民的健康安全发挥了关键作用。

值得一提的是，光谷方舱医院智能管理平台的贡献，并不止步于方舱内。平台打造了封闭场景内疫情防控系统的基模，创造性地将无感测温、体温监测、异常告警与轨迹监控紧密结合。该模式在2020年11月再次被全景智联应用于第三届国际进口博览会，助力进博会场馆搭建起疫情防控平台，依托蓝牙测温手环与温度检测探头等前端设备，严格监测场馆内人员体温异常现象，在会场迎来送往 80 万名国内外参展人士的情况下，为保障所有人员的生命安全做出了重要贡献。

用科技与生命赛跑，为呵护人们的健康带来更多的机会与希望，这是全景智联多次启动高科技防控措施的初衷，科技不是冰冷的工具，它能够拉近生命与希望之间的距离，助力联合国可持续发展目标的实现。

未来展望

在后疫情时代，国内的疫情形势逐渐由严防严控转为常态化防控，经过此次疫情，基层社会治理和智慧社区的重要性也逐渐凸显。同时，我们也看到了城市和智慧社区发展的不足，这也是全景智联奋斗和努力的方向。

发展瓶颈

第一，只注重静态数据的堆积。当前，智慧城市微场景的搭建只强调城市各场景的数字化建设，强调将各场景中小到人员、车辆，大到建筑楼宇的各种实体转化为数据，但是由于这些数据大多数不具备实时性与鲜活性，场景应用性不强，造成完全静态的数字堆积，反而阻碍了数字场景的发展。随着数字化场景的不断扩张，城市日常运转产生的海量数据呈指数式增长，不断聚集在数据池中，导致发展滞后的大数据挖掘分析等手段越来越难以支撑对城市运转数据的处理。

第二，缺乏有力的即时响应手段。在智慧社区的建设中，服务以供给为导向，但响应质量和效率长期滞后于现实需求。例如，在此次疫情封城期间，社区内物资的配送效率远滞后于居民的消耗速度，造成生活必需品大面积短缺的情况。以场景内各需求参与方为导向的被动式响应模式需要借助智能技术助推，加速向主动服务发展。在居民安全、紧急事态、设施维护等领域中，也存在全天候全时段服务需求与有限人力间的矛盾。因此，如何在城市层面通过新技术的快速部署、科学预警，提升城市管理智能化、精细化水平，构建打破时空限制的全天候应急响应能力，已经成为城市可持续发展道路上亟待解决的问题。

发展展望

未来，全景智联将更加注重智慧社区在数据维度上的实时、持续、动态刻画，建立“即时感知、全时响应”的智慧社区新范式，织紧织密场景内人、车、地、物、情之间的信息要素，达到对场景的实时监测、精确管理和科学预判，为城市发展的每一个环节提供具备高度时效性的动态数据支撑，守护城市和社区的安全管理与智慧运行。

全景智联作为智慧城市微场景数据运营服务企业，非常重视数字化平台的建设，并将大数据中台的建设视为推动企业业务长期增长的重要动力。依托大数据中台，企业可用完整的平台服务体系帮助政府提升治理效率、帮助基层社会改变治理模式，提升内外协同效率；帮助合作伙伴进入社区场景，提供更多的开放的合作空间，支撑社区金融、社区创业、社区养老等多场景社区服务的数字化运营。

通过以社区为单位进行智能化的建设及数据化运营，能够以点带面地逐渐实现整个区域和城市的智能化、数字化水平。一是大数据、物联网、云计算等技术垒起的智慧社区、智慧城市“数据底座”，不仅可以推动社区、城市智慧运行，更能够激发各市场主体的活力，为城市经济韧劲蓄能，为社会的更高质量发展蓄力；二是实现政府及基层单位之间的高效协调运作，提高经济发展和城市管理水平；三是有利于保障绿色发展，促进城市的可持续发展；四是智慧社区不仅是对先进技术和人才的战略投资，也是对更多服务岗位的创造。而这些终将成为城市发展核心竞争力的根本，从而推进城市转型升级，促进城市可持续发展。

三、专家点评

方舱医院的构想体现了中国智慧，而武汉光谷的“生命之舱”是全景智联在此次疫情阻击战中交出的“全景答卷”。作为一家本土科技企业，全景智联将智慧社区的“智慧”变成了方舱医院的“实景”，真正解决了疫情期间方舱医院人员管理的难题。

全景智联智慧方舱管理平台由床位二维码、人员信息管理、移动端软件、蓝牙信标、蓝牙定位手环、定位服务器、地图引擎服务器、后台管理服务器组成。其中，为人员配置的前端应用主要是沿用了 IoT 设备在智慧社区中的部署思路，采用长距离、低功耗的传输模式，安装简单迅速，能够极大地减轻部署成本。在人员定位方面，采用增强版三角定位加 IMU 辅助定位技术，定位引擎能够根据 RSSI 场强值计算出标签所在的室内位置，能够快速定位方舱内的人员位置，精准的室内定位技术减少了人力工作的成本，也提升了管理效率。内平台系统采用面向服务的系统架构（Service-Oriented Architecture，SOA），能够通过物联网协议服务接入多种智能感知终端，并且提供开放式 API 接口，与其他系统进行数据对接，这一点在云端会诊、病例共享等方面得到了很好的实际应用。

此次智慧方舱管理平台是一次物联网定位技术在场景部署中的实战应用，用最少的资源、最简单的改动，快速达到了人员收容、人员管理的目的。但这只是科技创新、科技赋能的一小步，城市在不断发展，场景的需求也在不断改变，应通过此次方舱的实践，不断迭代解决方案。

尤其是在物联网时代，边缘侧 AI 应用将成为人工智能的重要组成部分。在后续社区场景中，也可以持续发挥企业在嵌入式软硬件方面的优势，打造边缘感知中心，让场景的感知和信息处理更加本地化、高效化，降低 AI 对云端的依赖，提升方案的稳定性和安全性。同时，也可以根据场景应用需求引入不同的 AI 算法，如异常行为 AI 识别算法、基于目标检测算法、轨迹分析算法、异常行为识别技术等，让 AI 识别技术在智慧社区场景中得到有效的落地应用。

——新加坡南洋理工大学副教授 邹圣兵

优质教育

施耐德电气

产教融合深耕职业教育，成就技能人才发展

一、基本情况

公司简介

作为全球 500 强企业，施耐德电气正在引领工业自动化和能源管理领域的数字化转型。施耐德电气业务遍及全球 100 多个国家，是能源管理（包括中压、低压和关键电源）以及自动化系统领域的领先企业，能够为用户提供融合能源、自动化以及软件的整体能效解决方案。自 1987 年在天津成立第一家合资厂起，施耐德电气根植中国 30 余载，从最初专注于中低压配电及工业自动化，到今天发展成为能够为楼宇、数据中心、工业和基础设施四大终端市场的客户提供全生命周期能效解决方案的行业领导者。在努力支持中国产业升级的同时，施耐德电气始终不忘积极践行社会责任，将可持续发展作为企业的战略核心。

行动概要

2016 年起，施耐德电气在中国发起“碧播职业教育计划”（以下简称“碧播计划”）。作为施耐德电气助力中国可持续发展战略的关键一环，“碧播计划”致力于发挥施耐德电气自身和合作伙伴的核心优势，建立企业与职业教育机构良性互动、协同发展的人才培养模式，整合国内外教育、企业资源，构建产教融合、工学一体式的技术技能人才培养体系，将领先的制造理念，丰富的实践经验，专业的应用能力，分享给有志于投身社会建设的年轻人，帮助有需要的年轻人成为工业自动化、智能制造及能源管理等领域的专业人才，并帮助他们获得更好的职业发展，为中国社会发展储备人才。

同时，通过培养具有国际水准、良好素质的智能制造产业工程师、技术能手，响应中国能效管理及自动化领域的数字化转型的行业需求，为产业发展提供人才支撑。

二、案例主体内容

背景 / 问题

2019 年，国务院发布了《国家职业教育改革实施方案》，方案提出促进产教融合，校企“双元”育人，推动校企全面加强深度合作，鼓励和支持社会各界特别是企业积极支持职业教育，着力培养高素质劳动者和技术技能人才。这些措施为施耐德电气深化产教融合、校企合作指明了方向，也让施耐德电气感受到了校企合作不仅是为施耐德电气培养需要的技术人才，更是施耐德电气应该承担的社会责任。

总结以往的职校合作经验，施耐德电气意识到，企业仅提供实训设备为中国职业教育带来的帮助十分有限，需要从职业教育的专业设置和人才培养标准入手，紧跟行业发展方向，帮助职业院校提升教学水平，并为学生提供职业发展规划指导以及具有良好发展潜力的实训和就业机会，建立一个行业与学生双赢的人才培养闭环。

行动方案

在城镇化进程不断深入的今天，全球仍有近 30 亿人口使用着不安全、不可靠的落后电能。施耐德电气本着“人人都能尽享能源之利”的初衷，希望以“碧播”为平台，让最安全、清洁的能源走进社会的每一个角落，并为有需要的地区及人群传播绿色电力和能源的相关知识与技能。

新疆喀什叶城县柯克亚乡莫木克村的太阳能光伏发电站工程是“碧播计划”在中国的第一次尝试。经过三年的耕耘，施耐德电气先进的太阳能解决方案为 600 多户家庭、3 所小学接通了安全、清洁的电能，惠及村民近 5000 人。但这个项目的意义却远不只如此——它还让施耐德电气意识到，单纯的物质援助无法从根本上解决问题，唯有“授人以渔”才能带来真正的“光明”。施耐德电气在中国的“碧播职业教育计划”之路由此启程。

1. 缘起新疆新能源建设 从“授人以鱼”到“授人以渔”

新疆太阳能光伏发电站援助工程是施耐德电气在中国“碧播计划”的起点。

项目开始之初，施耐德电气的计划包括提供实施资金、解决方案设计、工程施工指导与管理、村民及电工培训等。但建设过程中的一次“小意外”让施耐德电气意识到，仅仅提供先进技术和设备并不能从根本上帮助当地人民。如果用户没有基本的使用和维护技能，再多物质援助也只能事倍功半。在设备使用过程中更换电池这样的简单操作，都需要等候施耐德电气的工程师不远万里前来帮忙，这显然不能为居民们带来真正的方便。

新疆新能源建设项目的初体验让施耐德电气深思：到底什么样的帮助才是最有意义、最具可持续性的？给施耐德电气的启示就是人才培养，授人以鱼不如授人以渔。于是，施耐德电气将目光转向教育，扶贫先扶智，只有教育才能让更多的人掌握专业的技能，才是真正阻断贫困代际传递的根本举措。施耐德电气通过与喀什当地多所学校展开合作，为居民们进行专业技能培训，希望能为他们送去真正永久的光明。

施耐德电气工程师为当地村民及电工进行用电知识培训

2. 以碧播之名助力职业教育

基于“碧播”新疆新能源项目的尝试，施耐德电气“碧播计划”确定了校企协同育人的方向——希望发挥施耐德电气在能源领域的核心优势，凭借全球领先的行业地位，从学生阶段就开始培养相关专业技能，为中国的职业教育建设添砖加瓦。为此，2015 年，施耐德电气将项目最初的名字“碧波”正式更名为“碧播”，这一字之差彰显了施耐德电气传播知识和教育将通过技能点亮人生的种子播撒到更多年轻人心中的美好愿景——更专注于职业教育领域，依托国家战略指导，发挥企业优势，通过提高市场价值，体现职业技能的价值，让学生有发展、就业有优势，改变他们的生活。

为了更好地发挥企业优势，达到教育扶贫、可持续发展的目的，施耐德电气进行了诸多的探索。有意识地选择学历职业教育与技能型职业教育、民办院校与公办院校进行了多种职业教育类别的试点，根据实际需要，帮助学校补充实训设施，为学生提供持续性的技能培训。同时，积极响应国家“教育扶贫”号召，以及“一带一路”倡议等国家政策，加入“彩虹桥工程”深入革命老区，向中信百年职校（安哥拉）捐建电工实验室，用先进的职业教育为非洲学子点亮了求学梦。

3. 探索校企合作模式　创职业教育新征程

为了更好地在职业教育领域发挥施耐德电气及合作伙伴的核心优势，施耐德电气携手众多合作伙伴展开合作模式的探索。与中国教育发展基金会开展战略合作，共同推动“碧播计划”实施；同时与中国研究发展基金会合作实施“中等职业教育赢未来计划”，支持中等职业学校校长培训、国际技术专家进课堂等实验项目、建设实训基地。通过一点一滴的努力，施耐德电气希望探索出企业与职业教育良性互动、协同发展的人才培养模式，让更多有需要的年轻人有机会成为工业自动化、高端制造和能源管理领域的专业人才，并获得合理的职业发展，更好地发挥其社会价值，同时为中国现代职业教育体系建设做出贡献。

施耐德电气积极与各种类型的职业院校开展合作，探索多种合作模式，与包括民办、公办院校，学历型、技能型职业院校展开了广泛的合作。在合作中，施耐德电气一方面为职业院校补充了最先进的实训设施；另一方面定期举办研讨会，对职业院校电工实验室建设、实操教学进行交流、探讨和培训，切实帮助职业院校提升电工教学水平，通过这种方式帮助学生提高职业技能和实践能力，让学生们走出校园后，能够真正拥有符合行业需求的一技之长，获得立身之本。

4. 加入“彩虹桥工程”支持国家扶贫重点区域人才培养

在履行企业社会责任的征途上，施耐德电气积极响应国家扶贫政策，将推动革命老区的建设和发展作为一项重要事业，希望将职业技能教育带到更多的扶贫重点区域，为他们实现脱贫致富提供帮助。2014 年，施耐德电气正式加入了“彩虹桥工程”，与社会各界一起用实际行动帮助革命老区发展。除此之外，施耐德电气还同步在江西兴国、陕西洛川等地的职业中等专业学校开展了行动。

施耐德电气从硬件捐赠和软性培训两方面同步入手，为职业院校提供持续性的支持：在硬件方面，施耐德电气针对学校电工、电子专业实训设备的需求，提供了电工基础类的配电设备、提升类的智能照明设备，让学生能够在先进的元器件和设备上开展基础实践、了解行业前沿的发展方向，并掌握相应的技能。在软性培训方面，基于"引进来、走出去"的理念，施耐德电气的专家们走进学校，为师生提供实地培训，同时邀请职业院校的师生走出延安，用多种方式增加实践经验，同时开阔视野。

5. 建立职业教育闭环

经过上一阶段的探索，施耐德电气对职业教育产生了新的认识：要真正走好职业教育之路，让年轻人实现学以致用，同时为中国现代化制造业发展培养出符合行业要求的技能型人才，就要以市场需求为导向，让处于行业发展前沿的企业更深度地参与进来。在参与方式方面，仅仅提供实训设备能够为中国职业教育带来的帮助十分有限，施耐德电气应该从职业教育的专业设置和人才培养方向入手，首先提供紧跟行业发展的实验室设备与配套课程解决方案，同时帮助职业院校提升教学水平，并为学生们提供进入职场的职业素养及人生技能辅导，以及具有良好发展潜力的实习和就业机会，建立一个行业与学生双赢的人才培养闭环。

为此，施耐德电气 2017 年正式成立了非营利组织——"碧播能效与自动化应用技术中心"，专注于"碧播计划"的运营。施耐德电气衷心地希望能够通过这个平台，吸引更多志在推动教育帮扶、民生改善、培养专业技能人才事业的爱心企业，与施耐德电气携手加入到"碧播职业教育计划"中，激发产业链多个环节之间高效协作，逐渐形成成熟的运营机制。在这个体系中，合作企业可以参与"碧播计划"的各个环节，包括资金支持、实验室共建、课程开发、人才培养以及提供就业机会等，共同努力打造职业教育帮扶的闭环。

- 以施耐德电气丰富的行业经验和知识为依托，"碧播计划"为学校提供了业内前沿水平的专业和课程设计；
- 开展师资培训及教师培训，提升学校教学水平，从而将职业教育效果最大化；
- 凭借机械工业职业技能鉴定资格，帮助学生获得更好的职业发展起点；
- 开设 PTS 成功通行证课程，兼顾教师和学生培训，弥补职业教育的"软实力"短板，帮助学生顺利应对职场；
- 提供丰富的实习和就业岗位，借助施耐德电气在全球业界的领先地位，为学生扩大职业发展空间。

6. 深耕职业教育管理实践，共谋更好的碧播

在扩展合作学校范围、打造职业教育闭环的同时，“碧播计划”还注重交流和思考，联合来自多方的教育专家、机构，思考、讨论开启公益创新模式。2018 年 6 月，施耐德电气碧播团队举行了首届年度校长年会。所有合作学校的校长们共同探讨一年来的收获以及未来对“碧播计划”的期待与展望。中国教育发展基金会秘书长张中原、教育部职成司综合处处长宁锐、全国机械行业职业教育教学指导委员会主任陈晓明、法国驻中国大使馆教育专员顾博，以及来自法国的雷诺 COE 专家 Manuel Martins，也出席了此次盛会。校长年会不仅为“碧播计划”合作院校提供了深入交流的机会，同时也是探索和发掘项目深化、提高学校发展潜力的良好机遇。

“碧播计划”首届校长年会

为保证“碧播计划”能够稳健运作，避免项目在执行过程中政策、资金、人员等因素的干扰，致使项目效果无法达到职业教育项目改革要求。施耐德电气不仅在中国建立了“碧播中心”（NPO），还携手政府、产业链及合作伙伴、基金会、民非、社会团体、行业协会、科研院所等机构，通过资源的统一调配，政府职能支持和背书以及募集筹款等措施，实现“碧播计划”的稳健运营。

碧播中心还根据合作学校的地理分布设立区域中心，希望更好地深化项目合作、加强项目管理、提高学校参与度，使“碧播职业教育计划”的各项举措落到实处。共 8 所学校成为了第一任区域管理中心校，负责全国 8 大区域的管理工作。施耐德电气相信，在众多院校、施耐德电气碧播中心的共同努力下，“碧播职业教育计划”将能够为更多的年轻人提供帮助，也为各个合作院校培养优秀、创新型人才提供更加有力的支持。

此外，施耐德电气还将自身在法国和其他地区历史悠久的职业教育经验引入中国，通过开展校长年会、建立区域中心等管理实践活动，与各方一起，共同为“碧播计划”谋划更加美好的未来。

多重价值

时至今日，已经有越来越多的寒门学子通过“碧播职业教育计划”，或进入施耐德电气任职，或开启新的职业机会，为自己的人生书写了新篇章。另外，“碧播职业教育计划”也成功地为产业发展输送了大量人才，为行业的发展壮大贡献了一分力量。

依托施耐德电气自身平台及合作伙伴生态系统的合作，“碧播计划”从改善实习实训条件、提升职业素养和就业水平、师资建设、行业认证四个维度提升学校和学生的能力。自 2016 年起，陆续与国内数十所中高职及应用型本科学校签署了校企合作协议，并与宁夏理工学院、海宁技师学院、南京技师学院、烟台工程职业学院、北京工业职业技术学院等学校合作“施耐德电气订单班”，共同培养高技能人才。5 年来，“碧播计划”累计捐赠超过 3000 万元实训设备及 1000 万元资金，合作职业院校达 77 所，累计培训合作学校专任教师 600 余人次，受益学生超过 60000 人。

在施耐德电气的带动作用下，有不少企业加入了施耐德电气的行列：在向“碧播计划”合作院校提供的实验室及电脑设备中，微软捐赠了设备所需的软件；时尚集团向 13 所合

百年职校学生参观施耐德电气工厂

“碧播计划”为合作职校教师举办 PTS 培训

在施耐德电气智能照明实训室中，志愿者为学生培训及学生动手实践操作

作院校捐赠了总价值约 245 万元的图书。随着爱心企业的不断加入，“碧播计划”受到了越来越多社会及爱心企业的关注。

2019 年 12 月，在法国教育部、法国驻华大使馆、北京市教委的大力支持下，作为中法高级别人文交流合作的成果之一，智慧城市能效管理应用人才培养和研究中心，在北京工业职业技术学院正式成立。该中心是 2014 年中法高级别人文交流机制启动以来，首个中法合作高级培训中心，承载了中法双方为实现培养从事能源效率领域新兴职业的技术人员和高级技术人员而开展技术培训的共同意愿。依托北京工业职业技术学院雄厚的专业基础和办学能力，施耐德电气将与学校和法国国际教育研究中心的专家合力建设“中法智慧城市能效管理应用人才培养和研究中心”，将企业在智慧城市和智慧能源方面积累的专业知识体系和实践应用经验转化为人才培养方案，与学校共同构建教学计划，形成鲜明行业特色的人才培养机制。

未来展望

付出总有收获。越来越多的学生通过“碧播计划”开启了更多的就业机会，不仅改变了自己的人生轨迹，也实现了为家人创造更美好生活的梦想。

未来，施耐德电气希望整合自身丰富的全球资源与全球化运营经验，以生态圈的思维，集众智、汇众力，与政府、非营利组织通力合作，同时引领更多爱心企业，吸纳更多志在推动教育帮扶、民生改善、培养专业技能人才事业的伙伴，将“碧播计划”不断壮大，不断为中国的职业教育事业添砖加瓦，用技能点亮更多人的人生。

三、专家点评

“校企合作、产教融合”这个在2017年被党的十九大报告、国务院政策、各类职业教育报告与创业者反复提起的模式，已经获得了社会的认同，在全国各地职业院校的办学过程中逐渐落地实施。校企合作是一种注重培养质量，注重在校学习与企业实践，注重学校与企业资源、信息共享的“双赢”模式，坚持实现技术技能与育人相结合、技术技能与创新创业相结合、技术技能与学生就业相结合、技术技能与人才培养相结合。

通过“碧播职业教育计划”，烟台工程职业技术学院与施耐德电气于2017年建立联系，双方在人才培养、实验室建设、师资培训等方面开展了一系列合作。2017年5月捐赠价值40万元的实训设备，共建施耐德电气技术实验室，承担了一系列课程的教学任务，每学期学生使用人数达200人。

两年来，烟台工程职业技术学院参加施耐德电气组织的师资培训达13人次；施耐德电气人员来我院授课、讲座、洽谈19人次，提供PTS课程，免费请美国专家给学校教师进行PTS课程培训授课，安排施耐德电气的员工对学生进行授课，并获得了学生的一致好评，受益学生100余人，对提升专业水平和人才培养质量提供了有效支撑。

——烟台工程职业技术学院电气与新能源工程系主任 孙彩玲

优质教育

日产（中国）投资有限公司

创新梦融入汽车科技，成就孩子梦想

一、基本情况

公司简介

日产（中国）投资有限公司成立于 2004 年 2 月，作为日产在华全资子公司，与日产汽车总部一起管理在华投资。日产（中国）一直负责日产汽车在中国的公共关系、品牌管理和知识产权等工作；同时在日产的全球运营、购买和出口有竞争力的中国制造零部件等领域，也发挥着重要作用。

作为一家全球领先、富有责任的汽车制造商，日产汽车以“推动创新，丰富人们的生活”为企业宗旨，以“零伤害”“零排放”为终极目标，坚持履行企业社会责任，着力解决来自环境以及社会的挑战，为建设可持续发展社会而不懈努力。

行动概要

2013 年，日产（中国）投资有限公司启动了青少年教育类公益项目——“日产筑梦课堂”。之后，携手多方专业力量共同开发了“日产筑梦课堂”系列课程。课程以汽车科技知识为切入点，并引入全球先进的 STEAM 教育理念，将汽车知识与科技、工程、艺术、数学等领域的知识相结合，不仅可以开拓学生的视野，还可以着重培养学生为解决环境、安全等社会问题所需要的创新思维、团队合作和领导力等方面的综合能力，促进青少年的全面发展，为教育创新提供了独特的实践案例。经过多年的耕耘和积累，“日产筑梦课堂”在中国收获了丰硕的教育成果，累计受益学生已达 100 万人。

二、案例主体内容

背景 / 问题

教育决定未来，担当未来社会发展的人才需要具备知识，也需要关心社会问题，有解决问题的广阔视野和领导力。同时，赋予学生学习的动机也非常重要。随着科技和社会进步,教育观念也随着社会需求发生变革,如何提升传统教育下缺乏的创新能力和综合能力，培养复合型人才是优质教育的现实需要。

行动方案

日产汽车作为一家国际化的汽车企业，以“推动创新，丰富人们的生活”为宗旨，构建人、车、社会三者间的和谐关系。“造车先育人，育人以人本”，一贯重视人才培养的日产汽车着眼于青少年人才的培养，旨在为全球化汽车产业的可持续发展培养更多的人才。

2013 年，日产（中国）投资有限公司启动了青少年教育类公益项目——“日产筑梦课堂”，之后，携手中国联合国教科文组织协会、中国国际贸易促进委员会汽车行业分会共同开发了“日产筑梦课堂”系列课程。以汽车科技知识为切入点，课程旨在综合培养学生的跨学科思维创新能力、团队协作及领导力，鼓励学生实现自我驱动探究式学习，促进青少年的全面发展。

打造类别丰富的汽车主题的 STEAM 教育课程，探索人才培养新模式

着眼于青少年教育的创新延续，“日产筑梦课堂”引入全球先进的 STEAM 教育理念，以其作为课程设计和执行的指导理念。

STEAM 是对科学（Science）、技术（Technology）、工程（Engineering）、艺术（Art）、数学（Mathematics）的合称，是一种重实践的超学科教育概念。STEAM 教育包含三大部分：基础知识、综合课程、课程实践，综合性和实践性是其最大的特点。

汽车制造本身同样集科学、技术、工程、艺术、数学多领域相关知识于一身。凭借自身在汽车行业的优势，“日产筑梦课堂”呈现出动手性、创造性、合作性更强的寓教于乐的授教方式，通过知识讲解、互动问答和动手实验的形式进行展现。在帮助学生了解汽车知识的同时，结合课堂知识，培养他们的动手实践能力和创造力。

“日产筑梦课堂”不断创新的教学内容让所有参与项目的学校师生回味无穷。在过去 8 年中，“日产筑梦课堂”每年都会推出新的教学内容，相继开设了汽车文化、汽车制造、汽车环保、汽车喷绘、汽车设计、汽车驾控、智能汽车驾控 7 个领域的 19 个课程。涵盖环保、安全等社会可持续发展的关键领域。

作为课程亮点，在汽车产业“人工智能化”的大趋势下，“日产筑梦课堂”于 2020 年推出了“智能驾控教室”相关课程，从“技术改变生活，知识启发梦想”的角度出发，带领学生学习图像识别的基础知识，了解图像识别等人工智能技术在汽车和日常生活中的应用。在动手实验环节，学生可以通过体验“智能小车”的自动泊车和高速公路超车等模拟功能，了解“日产智行”倡导的未来智能出行社会，探索人工智能的神奇之处。

“日产筑梦课堂”希望让青少年从小具有认识社会问题的意识，并且为解决社会问题而付诸行动——“筑梦”并非让青少年们沉溺于“梦境”，而是让其拥有梦想，并帮助其具备让梦想落地的能力；是让梦想与现实社会实现链接，而非脱离现实社会。因此，该课堂不仅致力于传授知识、开拓学生的视野，还着重培养学生为解决环境、安全等社会问题所需要的创新的思维、团队合作和领导力等方面的综合能力，锻炼创造力、实践能力以及通过团队合作达成目标的领导力。

在教育形式方面，筑梦课堂设有“制造教室”与“环保教室”，为学生提供了丰富和具趣味的课程体验。2017 年增设了“设计教室”，并邀请日产汽车专业的设计师参与到授课中来。

“日产筑梦课堂”不断创新的教学内容让学生回味无穷

通过筑梦课堂课程的学习，学生了解到了全球变暖的原因和现状，通过制作风车，组装电动机，亲手发电，从中了解风能、电能、动能的相互转化，探索电动汽车的奥秘，体验如何使用清洁能源出行；在模拟汽车生产线和制造齿轮传动小车的动手过程中，学习精密制造的匠心精神，培养团队合作精神；模仿汽车设计师、手绘车壳……让学生的想象力和艺术创意得以尽情发挥。

引入远程教学系统，助力推动实现“教育均等化”

2013 年项目正式启动以来，“日产筑梦课堂”已先后在全国 15 个省（直辖市、自治区）的 700 余所学校开展。秉承“兼顾教育多样和平等性”的理念，2016 年日产筑梦课堂正式引入了远程线上教育系统，使更多的偏远地区的学生也能和城市的学生一样，学习到更丰富的知识。

远程教育的系统引入不仅将课程带给了偏远地区的孩子，还极大缓解了乡村教师的教学负担。

2020 年，受新冠肺炎疫情影响学校无法正常开学，“日产筑梦课堂”的正常授课受到了很大影响。为了应对居家学习，适时推出了直播和微信公众号授课，在家参与在线学习的学生达到了 17 万人以上。

除此之外，“筑梦课堂”还进入了特殊教育学校，为聋哑学生开展筑梦课堂，让他们享受均等受教育的机会。同时，也开发了针对特殊群体学生的课程优化，让他们能够和同龄人一样，接受到更丰富的知识，享受到平等的教育。

“日产筑梦课堂”引入远程线上教育系统，让项目“兼顾教育多样和平等性”

在助力教育均等化的同时，“日产筑梦课堂”还积极促进各地教师的交流提升。以满足各地对“日产筑梦课堂”的教学需求为宗旨，2019 年，在甘肃敦煌举办教学研讨会，200 余位教育专家与一线教师代表，共同探讨筑梦课堂的教学经验，促进项目的可持续发展。

携手合作方和伙伴，凝聚多方力量

日产（中国）不单纯是投资这样一个公益项目，而是希望能够吸引更多团体、组织一起来推动这个项目。让合资公司、外部相关机构共同参与这个项目，活用多方的资源，才能把筑梦课堂这个项目运营得更大、更好，让更多的孩子从中受益。

随着项目的影响力逐渐扩大，在学校授课的基础上，“日产筑梦课堂”也走向了社会，授课地点从学校扩展到日产品牌专营店、汽车博物馆和大型车展，通过更丰富的渠道令更多青少年从中受益。

截至 2020 年底，“日产筑梦课堂”在全国超过 100 家日产经销商专营店进行了授课，上百人次的日产（中国）及其合资公司的管理人员和员工代表也积极参与到了教学工作中。

多重价值

对人的关注、对创新力和社会责任感的坚持是日产汽车希望传达给青年一代的价值观，同样也是其开创“日产筑梦课堂”的初衷。

经过多年的耕耘和积累，“日产筑梦课堂”在中国收获了丰硕的教育成果，累计受益学生已超过 100 万人。不但覆盖了北京、广东、四川、河南等东南沿海及中西部区域，同时还积极对接国家“一带一路”倡议，重点覆盖了云南、甘肃、广西等“一带一路”沿线重点区域。到 2022 年，“日产筑梦课堂”项目计划扩展到更多的地区和学校，使受益学生人数达到 200 万人。

“日产筑梦课堂”作为日产汽车在华践行企业社会责任的重要体现，获得了社会各界的广泛认可。2019 年，中国国际服务贸易交易会期间，受邀在联合国教科文组织协会世界联合会主办的“国际城市　文化对话”专题上展示。“日产筑梦课堂”将日产的智行科技制作成小学生容易理解并体验的动手实践，启发学生探索“人工智能”的世界，得到了与会国际教育专家的好评。联合国教科文组织协会世界联合会副主席、荣誉主席陶西平将“日产筑梦课堂”评价为人工智能的启蒙教育课程。

未来展望

社会可持续发展不仅是中国的课题，也是全世界共同的课题。2015 年联合国发布了联合国可持续发展目标，旨在彻底解决社会、经济、环境问题，转向可持续发展的道路。日产汽车的关联公司积极为各自所在区域的可持续发展做出贡献，致力于环境保护、社会发展以及公司治理。

作为日产（中国）“社会发展”方面的重要实践，“日产筑梦课堂”将继续延续寓教于乐的授课形式，帮助青少年更好地了解丰富的汽车文化，拓展青少年视野，增强青少年的动手能力和扩展思维。2021 年，日产（中国）发布面向未来的“日产筑梦课堂 NEXT”新计划，以 2022 年受益人数达到 200 万为目标，将覆盖更多的地区及日产品牌专营店，让更多的少年儿童参与到“日产筑梦课堂”中。同时，面对人工智能时代的到来，新的编程课程也即将问世，同时日产中国还将组织“日产画画画”等丰富多彩的活动，让学生在感受汽车前沿科技魅力的同时，有机会展示自身的能力和才华，为社会可持续发展人才的全方位健康成长奠定坚实的基础，相信孩子们的科技之梦、未来之梦能够在中国广袤大地生根发芽，并结出丰硕的果实。

三、专家点评

我们落实可持续发展的教育，不应该仅仅在课堂书本中学习，还应在探索与企业的合作，让学生们通过了解鲜活的科技发展现状和趋势来了解生活，了解社会。

——原中国联合国教科文组织全国委员会秘书长 杜越

在经济上，我们没有大城市发达，但是有了筑梦课堂，在学习人工智能启蒙教育的课程上，我们和大城市的孩子是在同一起跑线上的！

——甘肃省临夏回族自治州积石山保安族东乡族撒拉族自治县中咀岭小学校长 李向龙

“日产筑梦课堂”项目与各地区教育主管部门和参与项目的学校紧密合作，坚持公益性、均衡性、服务性的宗旨；坚持从课程创新、教材创新、实验创新的宗旨出发，实现了学校内外、课堂内外、行业内外、国内国外文化科技教育资源共享。在服务方式、教学设计和区域联动等方面，不仅有中国教育专家的亲自指导，更有日产（中国）高级专业人员的直接参与，中日科普教育的优势互补和项目的推广创造了新的模式，取得了新的经验，已经成为中日在公益教育领域成功合作的典范。

——（中国）北京市联合国教科文组织协会北京协会副主席 杜平

优质教育

李锦记

用厨艺打开有志青年的希望之门

一、基本情况

公司简介

李锦记是国际知名的酱料品牌。1888 年，李锦裳先生在广东省珠海南水创办了李锦记。经过 133 年的发展，李锦记从一个只生产蚝油和虾酱的小作坊发展成为拥有 200 多款产品、远销 100 多个国家和地区的跨国酱料集团。李锦记集团总部设于中国香港，并在中国新会、黄埔和济宁，美国洛杉矶以及马来西亚吉隆坡设立了生产基地，在全球拥有接近 6000 名员工，是一家具有全球网络的跨国公司。

多年来，李锦记坚持“100—1=0”的品质管理理念，秉承品质百分百，为人们提供选料上乘、味道醇正、安全健康的高品质中式酱料，成为中式调味品的领军品牌，获奖无数。

行动概要

李锦记希望厨师项目是一个由李锦记创办，集聚各方力量，资助有志青年免费学厨圆梦、为中餐业发展培养未来之星的公益计划，是李锦记“思利及人”的核心价值观和“发扬中华优秀饮食文化”的企业使命的重要实践。该项目自 2011 年启动，每年从全国公开招募有志从事中餐烹饪的经济上有困难的青年，全额资助（全额学杂费 + 生活补助 + 交通补贴）其入读国家正规职业高中中餐烹饪专业，并鼓励学员学成后投身餐饮企业，为中餐业的发展贡献力量。

2021 年是李锦记希望厨师项目十周年，迄今为止，李锦记已捐资千万元，惠及四川、重庆、贵州、云南、甘肃、山西、陕西等 21 个省市的 873 名热爱中餐烹饪的有为青年学厨圆梦，其中 482 人已经毕业。

二、案例主体内容

背景 / 问题

“职教一人，就业一人，致富一家”，职业教育是国民教育体系和人力资源开发的重要组成部分，是广大青年打开通往成功成才大门的重要途径，在实现教育公平中具有重要作用。

作为一家生产酱料产品的企业，李锦记会和很多厨师打交道，在这个过程中，李锦记看到，虽然在内地，厨师收入不低，但在很多人眼里，厨师的劳动强度较大，厨房的工作环境不尽如人意，想要成为厨师的年轻人日益减少，如此下去，厨师行业将后继乏人，中餐业的发展急需人才。另外，在经济欠发达地区，有些考不上高中或者家庭经济条件不好的孩子，初中毕业后辍学，因为没有一技之长，只能从事技术含量很低的工作。如果能够帮助这些青年掌握一技之长，恰恰能解决社会问题。

基于这个考量，李锦记结合企业自身优势，推出了希望厨师项目，通过资助有志青年入读重点职业高中中餐烹饪专业，让他们学习厨艺，实现就业创业，带动家庭致富。

行动方案

李锦记积极倡导“用厨艺为有志青年打开一扇希望之门”。在共同的教育梦想及价值理念下，李锦记先后与北京市劲松职业高中、四川省财贸职业高级中学、广州市旅游商务职业学校携手开启校企合作，共同为中餐行业人才培养搭建平台。

在希望厨师项目的运营过程中，李锦记充分利用企业资源优势，发动社会各界力量，面向全国招募符合条件的青年。

1. 资助群体

15~19 周岁，初中毕业、身体健康、有志学厨的青年。

2. 运营策略

李锦记希望厨师项目启动于 2011 年，该项目把李锦记“思利及人”的核心价值观和“发扬中华优秀饮食文化”使命完美结合，通过整合行业优势资源、跨界合作、校企共育的方式，“育人心，启人智，授人技，助人立”，走出了一条特别的公益之路。

3. 内容创意

不同于传统的“输血”型公益项目，李锦记希望厨师项目更乐见于“造血扶智”，以创新思维整合企业优势资源，助力有志青年学习一技之长，规划理想人生。

希望厨师项目小组对候选人进行家访

李锦记希望厨师项目资助学生入读国家重点职业高中的中餐专业，学制三年，资助的费用包括学费、住宿费、教材费、校服费、工服费、工具费、床上用品费、军训费、代收代管费、保险费等，除此之外，学生在校期间，李锦记每月还会补贴学生 600 元的生活费，一年补贴寒暑假交通费 1000 元。学习期满，成绩合格者获得国家中等职业教育毕业证书。

值得提出的是，李锦记希望厨师项目并非一次性的资金捐赠，而是一个企业全程参与、重在“育人”的长期工程。

- **成立项目工作小组，负责项目运营**

李锦记成立了希望厨师项目小组，负责项目的策划、执行和对希望厨师的跟踪管理，同时建立了完善的招录工作体系和面试评分标准，实现了全程公平、公正、务实、透明的项目运作。

每年，李锦记和合作学校会组成希望厨师项目小组，共同制定招生方案，报名结束后，项目小组前往面试站点对申请人进行笔试、面试、体格检查等。同时，招生小组还会实地家访，考察报名人员的家庭情况。最终，项目小组会根据申请人的面试成绩及综合能力、择优录取，确定资助名单。

- **发挥合作伙伴优势，助力希望厨师生源选拔**

李锦记携手政府、社会组织、公益基金会、行业协会等机构，通过跨界合作、政府职能支持和背书等措施，保障希望厨师公益项目的稳健运营。李锦记与各地合作伙伴合作，借助他们在当地的信息优势、经验优势和时空优势，为希望厨师项目在当地选拔推荐生源。

- **校企合作，共建培育体系**

校企共建希望厨师培育领导小组及工作小组，负责项目的整体设计、统筹规划、监督实施、质量评估、组织管理和条件保障，小组成员分工协作，各司其职，确保项目的顺利运行。校企共同构建了“希望厨师”培育体系，通过文化育魂、课程育能、活动育才、管理育行、实践育情五种途径，对希望厨师进行全方位培养。在校期间，李锦记和学校经常不定期地举办各种活动：参加职业技能大赛、观看爱国主义电影、参观五星级酒店，观摩厨王争霸赛、世界青年厨师中餐烹饪大赛，与媒体、网友交流切磋厨艺等，他们通过各种活动得到了全方位的锻炼，专业技能、沟通能力、团队协作、责任意识等综合素质等到了全面提升。各种各样的实践活动，使学生丰富了阅历、开阔了视野，也在实践中懂得了感恩，有了回馈社会的内生动力。

李锦记酱料集团主席李惠中先生与希望厨师在一起

2020 年，李锦记希望厨师粤菜师傅班在广州开班

截至 2020 年 6 月，已有 485 名李锦记希望厨师顺利毕业，走上工作岗位

手执锅勺，筑梦人生——希望厨师张风英的成长故事

出生于 1997 年的张风英，来自甘肃陇南宕昌县的一个偏远山村。刚初中毕业的他，觉得前方的路一片黑暗。因家里条件不好，上高中家里负担不了，2014 年 6 月，即将初中毕业的张风英面临着辍学，但在他心中，一直有一个厨师梦。就在他不知未来的路该如何走下去的时候，他听说了“李锦记希望厨师项目”，并顺利通过面试，来到北京，开启了他的厨师梦想之旅。

刚到学校的时候，张风英很自卑也很胆怯，因为普通话不标准，不敢和别人交流。随着学校老师耐心的培养和李锦记的关怀，他逐渐变得自信起来，在学习的过程中，他的动手能力很强，很快得到了老师的认可和赞许，第一学年下来他改变非常大，专业技能突飞猛进，在食品雕刻、面塑、冷拼方面的表现尤为突出。此外，他还报名加入了志愿者社团，和同学们定期去敬老院给老人们表演厨艺，陪他们聊天。这些社会实践活动让他变得开朗了很多，在为人处世上有了更多的感悟。

2016 年 6 月，张风英因文化成绩和专业课成绩优异，获得了“李锦记企业奖学金”一等奖，同时进入北京香港马会会所开始实习；同年 9 月，被选为“希望厨师”的代表前往中国香港，在李锦记青年厨师中餐国际大赛揭幕仪式上献艺。2019 年 5 月，工作了两年后，张风英选择了在老家创业，和表哥合伙开了一家面馆，店面有 160 多平方米，生意好的时候每天会卖出 300~400 碗，营业额四五千元。虽然他每天不到七点起床，晚上十点才闭店，经常熬夜，但他特别开心，家里的状况也因为这个小店慢慢好转，他希望经过不断积累经验，等以后时机成熟了，打造自己的品牌。

多重价值

截至 2020 年 9 月，李锦记希望厨师项目累计投入超千万元，招募了全国 21 个省市的 873 名有志青年学厨圆梦，其中已有 482 名走上工作岗位。毕业希望厨师多在北京、上海、广州、成都、深圳等一线城市的四五星级酒店和知名餐饮企业工作，如希尔顿酒店、香格里拉大酒店、中央电视塔旋转餐厅、北京香港马会会所、北京王府井文华东方酒店、北京日出东方凯宾斯基酒店等；李锦记跟踪调研发现，毕业希望厨师月均收入多在 4500 元以上，有佼佼者已经成为厨师长，工资收入上万元；也有一些希望厨师直接开起了餐饮店。通过希望厨师项目，他们变得自强、自信、自立，开阔了眼界，学会了做人做事的道理，

有了目标和稳定的收入，实现了人生的转折。

2011 级李锦记希望厨师董嘉琦，已经毕业 7 年，他说："很幸运我是李锦记希望厨师项目资助的首批学生，现在在哈尔滨一家五星级酒店担任厨师长，如果没有李锦记的资助，我的成长将可能是另一个轨迹，很感恩遇到李锦记，很感谢学校的培养。" 2012 级希望厨师潘尔壹来自广西的一个小山村，目前在马尔代夫一家酒店担任中餐厨师长。2015 年毕业后，他每月给父母寄生活费，并为家里新盖了房子。

李锦记希望厨师项目资助的对象主要是来自乡村的青年，希望厨师项目把他们从偏远地区带到北京、成都、广州这样的大城市学习厨艺，让他们对自己有信心、对未来有希望，提升乡村青年职业素养、均衡优质教育资源，有效促进了职业教育高质量发展，推动了教育公平，为一批批有志青年的人生注入了新动力，让更多的家庭看到了希望。希望厨师毕业后，很多回到家乡创业，在家乡开了自己的餐厅，实现了改变自我，改变家庭的梦想。如 2013 级希望厨师朱子翔，毕业后回到家乡四川雅安，经营起了自己的生态农庄，生意红火，在开店的过程中，从当地招聘服务人员，带动了当地的就业，助力乡村振兴。

这些受李锦记资助的青年，也被李锦记"思利及人、造福社会、共享成果"的核心价值观深深感染。他们进社区捡垃圾、参加爱心健步走活动、帮助社区居委会布置黑板报、

希望厨师参加慈善健走，为血友病儿童筹款

担任平安地铁志愿者、关爱空巢老人、到敬老院献爱心、开展爱心义卖关怀自闭症儿童……他们从力所能及的小事做起，把自己的小爱回馈给社会。

李锦记希望厨师项目也带给了公益人很好的启示，对于未来公益而言，公益项目要结合机构或企业的自身发展战略来设计完成，要起到项目执行、资源链接、平台搭建的作用，通过共创共建、多方合作的方式实现公益价值最大化。

未来展望

因为疫情原因，餐饮行业受到的冲击很大，但希望厨师项目的招生并没有受到影响。2021 年，李锦记希望厨师项目仍将在北京、成都、广州三地开班，计划在全国范围内招募 100 余名符合条件的有志青年学厨圆梦，为更多家庭送去了希望。

无论大环境如何变化，厨师在任何时候都是非常重要的技术工种。过去 10 年，李锦记以实际行动实现了希望厨师公益项目从 0 到 1 的飞越，以“扶志 + 扶智”的形式，通过职业教育助力乡村学子成材、立业；未来，希望厨师项目将助力乡村振兴，在乡村种下一颗颗梦想的种子。

三、专家点评

教育是改善社会不均等、改善民生的最好方式，教育不仅能缩小社会差距，也为每一个人的发展提供了更多的可能性。李锦记希望厨师项目长期支持中国职业教育，立足培养高素质中餐人才，帮助众多乡村有志青年走出大山，为他们带来更加丰富多彩的人生体验。

——北京市劲松职业高中校长 郭延峰

百年企业李锦记，底蕴深厚，奉行“思利及人”的理念，坚守“发扬中华优秀饮食文化”的企业使命，致力于培养中餐餐饮行业未来之星。在共同的教育梦想及价值理念指引下，学校和企业相互扶持，形成合力，为中餐业搭建烹饪人才培养共建共享平台，弘扬粤菜工匠精神，传承岭南厨师技艺，成就有志于从事中餐烹饪的青年成为真正的“粤菜师傅”，积极推进粤菜师傅工程，实现乡村振兴。

——广州市旅游商务职业学校校长 吴浩宏

李锦记公司将自身的专业特长、成长战略与企业社会责任相结合，成功创造了“李锦记希望厨师”公益项目，帮助学子圆读书梦和实现就业，建立起自强和自信精神，承载起职业抱负和梦想，肩负起家庭责任和社会责任。这与中华职业教育社所一贯倡导的“让无业者有业，让有业者乐业”宗旨高度契合。广西中华职业教育社、民建广西区委会将一如既往推动项目在广西开展，并与李锦记酱料集团一道，致力于不断提升项目影响力，吸引更多有志青年加入“厨路”，走出大山。

——广西壮族自治区政协副主席、广西中华职业教育社主任、中国民主建国会广西壮族自治区委员会主任委员 钱学明

接触希望厨师项目的时候就认定它是可以改变乡村孩子命运的项目。西部阳光基金会特别荣幸能够在这条路上和李锦记一起帮助更多的孩子，让他们走出大山，学习并且选择到了他们喜欢的职业，为之付出和奋斗。

项目坚持十年，最难得的是初心。希望下一个十年，更多的十年，希望厨师项目能够更加坚定且自信地走下去，把希望播撒到更多家庭和孩子们的心中！

——北京西部阳光农村发展基金会秘书长 王丽惠

优质教育

无限极（中国）有限公司

用职业教育点亮青年学子的成长之路

一、基本情况

公司简介

无限极（中国）有限公司（以下简称“无限极”）成立于 1992 年，负责无限极在中国内地的直销业务，从事中草药健康产品研发、生产、销售与服务，总部位于中国广州。“弘扬中华优秀养生文化，创造平衡、富足、和谐的健康人生”是企业的使命。“思利及人”是百年民族企业李锦记的文化基因和经营秘诀，也是无限极的核心价值观，意思是“做事先思考如何有利于我们大家”。

作为一家拥有责任“基因”的企业，无限极一直将企业社会责任看作必须做的事。秉承百年民族企业李锦记的经营智慧，将“思利及人”的核心价值观融入企业经营发展的每个环节，形成“健康”“品质”“员工”“伙伴”“环境”和“社区”六大责任体系。为推动联合国可持续发展目标真正融入无限极经营发展之中，公司通过最大限度集中优势资源解决关键问题，将公司资源聚焦于企业使命、价值观、业务模式最相匹配以及社会各界最关注的目标上，从“与无限极业务的关联度”“利益相关方的关注度”“对企业发展战略的影响”三大维度，明确了与无限极发展高度相关的四项可持续发展目标。

行动概要

2018 年无限极响应联合国可持续发展目标，发布《无限极践行联合国可持续发展目标白皮书》，打造“以健康人生”为定位的公益品牌，在“健康”“品质”“员工”“伙伴”和“社区”六大领域积极履行社会责任，推动行业和社会的可持续发展。

优质教育是无限极履行“社区责任”的一部分，公司通过搭建公益平台，务实、持续和深入开展“思利及人助学圆梦”项目，改善贫困地区教育现状，缓解教育资源分布不均衡的问题，有效地帮助贫困地区优秀青少年享有优质教育的机会，实现一人就业全家脱贫的社会目的。

二、案例主体内容

背景 / 问题

扶贫攻坚是“十三五”规划的重中之重，是落实四个全面战略布局的关键举措。如何确保贫困人口彻底稳定消除贫困，教育扶贫是重要推手，是打赢脱贫攻坚战、全面建成小康社会的重要举措。

教育扶贫是指针对贫困地区的贫困人口进行教育投入和教育资助服务，使贫困人口掌握脱贫致富的知识和技能，通过提高当地人口的科学文化素质来促进当地的经济和文化发展，最终摆脱贫困的一种措施。

教育是阻断贫困代际传递的重要纽带和桥梁，教育在扶贫中发挥着战略性、奠基性、引领性和延续性作用。目前，我国农村地区特别是老少边穷地区的教育发展还比较滞后。扶贫必扶智，让贫困地区的孩子们接受良好教育是当时扶贫开发的重要任务，也是阻断贫困代际传递的重要途径。国家高度重视教育扶贫，并采取了一系列推动贫困地区教育发展的切实举措，助力贫困家庭脱贫致富，帮助贫困地区享受公平、高质量的教育资源，培养更多优秀人才，让贫困家庭的孩子可以用自己的双手去创造未来、根除贫困，进一步激发社会活力。

教育扶贫通过提高贫困地区人口的发展能力来实现脱贫是一项根本性的扶贫任务，也是一项长期、复杂且艰巨的任务，除了主要依靠政府，还需要企业深度参与和支持。如何精准识别教育贫困的难题，如何发挥自身的优势，都是企业在开展教育扶贫之前面临的难题。为此，无限极通过前期调研发现，出生于贫困地区、贫困家庭的孩子，生活条件差，经常无力支付学费。同时，由于贫困地区教育资源匮乏，很多孩子早早辍学，干农活、做家务和外出打工已成为贫困青少年辍学或初高中毕业后的主要出路。与此同时，近年来，企业频频出现“用工荒”。在社会人才结构中，技术性和技能型人才短缺，已成为制约产业升级、限制地方经济发展的瓶颈。

“一技在手，终身受益”，中等职业教育在促进扶贫、防止返贫方面作用重大，是阻断贫困代际传递最有效的路径。这是无限极开展精准教育扶贫的着力点。如何支持和帮助这些农村学生通过职业教育改变命运，获得重新追求人生梦想、点亮成长之路的机会，这是无限极需要打开的“锁”。

行动方案

那么，如何帮助贫困家庭的孩子完成高等职业教育，掌握一项专业技术，并在社会分工中实现就业，获得长期、稳定的收入来源？

由无限极捐资成立的思利及人公益基金会，于2013年启动“思利及人助学圆梦项目”，与各省优质高等职业技术学院合作，为当地优秀贫困青少年提供学费、生活费、交通费等各项资助，帮助他们完成高等职业技术学业，掌握社会急需的专业技能，并在政府、学院、企业和其他社会力量的支持下，帮助他们顺利实现就业，从而获得稳定、可持续的收入，实现个人独立自主的同时，为一个家庭乃至一个家族带去脱贫致富的希望。具体从以下四个方面去做：

一是思利及人公益基金会优选项目所在省份的优质高职院校，如全国示范性高等职业院校、骨干高等职业院校；并从学院中挑选可授予正规学历证书、有丰富就业渠道、毕业生就业率高的优质专业，如中医护理、养老服务与管理、食品营养与检测、中药学等。

二是在当地教育部门和学校的支持下，开展多种形式的招生宣传，严把贫困资质审核关，挑选优质贫困青少年入学并独立成班。思利及人公益基金会按照 60 万元 / 省，视实际情况资助 30~60 名孩子就学期间的学杂费、生活费或奖学金等，具体资助方案与学校共同协商确定。

三是思利及人公益基金会在资金资助之外，还会开展一系列的持续关怀，帮助孩子了解中华传统文化，养成健康的生活方式；带领受助学生参与社会公益活动，形成回馈社会、懂得感恩的优秀品格和独立人格。

四是思利及人公益基金会还会持续跟进学生的实习和就业，争取政府、学校、企业和社会各界的力量，帮助毕业生顺利就业，获得稳定的收入，从而在社会上站稳脚跟，打下独立自立、脱贫致富的基础。

总体而言，思利及人助学圆梦项目希望通过政府、高校和基金会三方联手，帮助贫困地区的优秀青年，从“做梦”到“追梦”“圆梦”，不断地成长和蜕变，实现个人价值，成为社会急需的技术人才，同时助力中国高等职业教育发展。

2017 宁夏职业技术学院会计专业

2019 级重庆医药高等专科学校中药学专业助学圆梦班开班仪式

故事 ｜ 藏族女孩卓玛：舞蹈梦，让未来值得期待

藏族女孩卓玛

黄河流过平均海拔4000米的青藏高原，也流经卓玛的家——青海省尖扎县坎布拉镇，这里属于三区三州深度贫困地区，是2020年全国脱贫攻坚任务中的重要之地。

藏族女孩大多能歌善舞，卓玛也是如此，她对舞蹈的热爱与生俱来。然而，父亲遭遇车祸去世，突如其来的变故彻底改变了她的生活。自那以后，卓玛被接到爸爸的同事家里，妈妈在城市之间辗转打着零工，有时候几个月都没有收入。

成长仿佛就在一夜之间，卓玛学着做饭，学着照顾弟弟，学着逗妈妈开心。那个曾经渴望舞蹈的小女孩，学着把自己的梦想藏在了梦里，再也不提起。

初中毕业，卓玛和妈妈提过辍学，她想打工补贴家用。但妈妈坚决不同意，卓玛只能继续咬牙读下去。

进入大学后，适逢无限极携手思利及人公益基金会，在青海畜牧兽医职业技术学院设立思利及人助学圆梦班项目，卓玛尝试着申请，并顺利通过。这让原本为学费发愁的她卸下了很大的负担，也在很大程度上缓解了家庭的困难。

卓玛所在的助学圆梦班共有43名学生，班上的学生多为建档立卡的贫困户，很多是单亲家庭的贫困学生。在三年的学习过程中，他们不仅在学费、书本费、住宿费及其他费用上得到帮助，同时也在课业成绩上获得不断精进的机会。

当初为了减轻家中负担而进入助学班的卓玛，渐渐在这里找到了归属感。这些同为家庭条件艰苦的同学们，守望相助，卓玛在这里感到非常温暖，也在这里看到了希望。正如她在朋友圈中发的动态“最好的状态就是未来可期”，他们比谁都期盼着明天的到来。

“我非常期待把（在外务工的）妈妈接回来，我好想看到妈妈过年时满脸笑容的样子。”卓玛给自己定了小目标，在青海找一个稳定的工作。“给妈妈做个全身检查，再帮弟弟上个好大学。”她脸上洋溢着笑容说，“我想以后退休了，还能有机会去学跳舞，年纪大点也没关系”。她给自己许下小小愿望，未来依然能与舞为伴。

多重价值

一个学生的改变，带来一个家庭的改变

“思利及人助学圆梦”项目自 2013 年正式启动以来，截至 2020 年已覆盖 30 个省份，共捐助 1362 名学生，累计投入超过 2284.5 万元。截至 2020 年，已经有 20 个省份的 949 名助学圆梦班学生毕业，绝大部分顺利就业，少部分继续深造。就业后平均收入在 3000~4000 元，和当地普通高等院校毕业生基本持平。

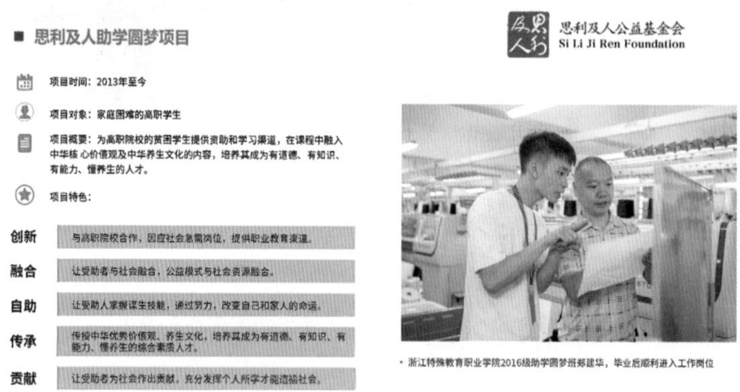

思利及人助学圆梦项目介绍

一个项目的经济投入，带来超出预期的社会价值

在 2018 年项目社会效益综合调查中，显示项目的社会价值与社会影响相当于是项目投入的 3.7 倍。

合众泽益《思利及人助学圆梦项目评估报告（2012—2017）》

利益相关方评价

昭通市职教中心副校长阮晓明：我认为思利及人公益基金会助学圆梦项目和学校的合作是一个双赢的合作。助学圆梦项目对学生的思想教育的引导、学生的教学管理都有积极的促进作用。我不把它定义为一个单纯的资助项目，从深层次的项目合作来讲，也是对学生的思想教育、职业道德、个人的行为习惯养成几大方面的一个很好的补充。

昭通助学圆梦项目班主任龚庭楠：主要是他们的心里边的改变，我们（助学圆梦项目）解决了生活难题这个他们担心攻克不了的困难，让他们能够全身心地投入学习以及实践当中。实训和学习时间很充裕，所以同学们的成绩和效果要比其他的同学显著很多。

受资助学生张朝姣：无论是在生活上、思想上，还是在经济上，助学圆梦项目都给予了我很大的帮助，让我对未来的路充满了梦想。

受助学生麦麦提艾力·斯迪克：我毕业以后想自己创业，赚点钱，然后做一名志愿者，去帮助那些像我一样想去上学但没有资金的人，让他们也能实现自己的梦想。

受资助学生家长（艾克拜尔的母亲）：不管怎么样，我都想让孩子继续上学，在这种困难和压力下，企业给予了我们家帮助，帮助我卸下了肩上的重担和烦恼，我一定教导孩子好好学习，让孩子成为对国家对人民有用的人，以此来报答他们的帮助。

未来展望

职业教育在助力脱贫致富、推动乡村振兴上的意义十分重大。中等职业教育最能直接提升贫困地区青年的就业能力和收入水平。大力发展中等职业教育，提高青年的技术与能力，可以为乡村振兴提供人才和智力支持。

然而，让职业教育的质量得到保障且满足学生的长远发展，是我国职业教育面临的挑战，也是无限极需要面对的难题。如何精准发力、久久为功，从地方主导产业、优势产业的需求出发，结合学校自身优势，凸显教育特色，优化专业与产业的衔接，为贫困学子提供满足当地甚至周边就业需求、助力乡村振兴的优质教育，是一项具有挑战性的工作。

只有以教育为本，立足孩子的长远发展，结合当地发展、社会发展需求，深耕“思利及人助学圆梦”项目的可持续化发展，才能实现通过职业教育扶贫改变更多孩子命运的目标。未来，无限极将从以下几个方面优化“思利及人助学圆梦”项目，温暖更多学子的成长之路，带来更多“一人就业、全家致富”的改变，守护好乡村孩子的求学梦，守护乡村振兴的希望。

一是深化校企合作及人才培育模式。在聚焦大健康产业方面，打造校企联合培育人才模式，通过链接实习或就业岗位匹配，对接创业平台等办法，提高项目产出效率，让学生在习得技能的基础上，获得更优质、更有效的就业发展。

二是开展教师综合素质与教育能力培训。通过调研发现，助学圆梦项目负责教师的教学理念和水平，对受资助学生的发展成效产生最大、最直接的影响。项目未来将与各地高校师范类专业合作，实行支持教师综合素质培训项目，定期开展助学圆梦交流研讨会，让每一位教师认知项目成效及价值，给予专业培训支持，提升教师的素质水平，点燃教师的内在驱动力，为学生提供常态化正向引导，发挥持续性作用。

三是加强行业交流。多参与或开展行业交流，展示项目示范性，同时链接更多外部专业资源，可以不断优化项目流程，帮助项目成为行业公益标杆、基金会项目的创新典范。

三、专家点评

“思利及人助学圆梦”项目秉承联合国《2030 年可持续发展议程》基本宗旨，尤其注重落实联合国可持续发展目标 4：优质教育，与各省优质高等职业技术学院合作，为当地优秀贫困青少年提供学费、生活费、交通费等各项资助，帮助他们完成高等职业技术学业，掌握社会急需的专业技能，并在政府、学院、企业和其他社会力量的支持下，顺利实现就业，从而获得稳定、可持续的收入，在实现个人独立自主的同时，为一个家庭乃至一个家族带去脱贫致富的希望。

该项目的设计十分具体、务实与系统，如选择所在省份的优质高职院校的优质专业，包括中医护理、养老服务与管理、食品营养与检测、中药学等；开展多种形式的招生宣传，严把贫困资质审核关，挑选优质贫困青少年入学并独立成班；开展一系列的持续关怀，帮助孩子了解中华传统文化，养成健康的生活方式，带领受助学生参与社会公益活动，形成回馈社会、懂得感恩的优秀品格和独立人格；持续跟进学生的实习和就业，帮助毕业生顺利就业，获得稳定的收入，从而在社会上站稳脚跟，打下独立自立、脱贫致富的基础等，已经产生了令人感动与振奋的社会效果。

该项目具有鲜明的国内与国际传播价值，生动展现了中国减贫历程中的一个美好故事，为国际社会尤其为发展中国家提供了一个值得在全球范围广泛传播的成功案例。

——联合国教科文组织中国可持续发展教育全国工作委员会执行主任，
北京教育科学研究院博士、研究员 史根东

驱动变革

昕诺飞

后碳中和时代的可持续发展计划

可持续发展目标

一、基本情况

公司简介

昕诺飞是全球照明领导企业，业务涵盖专业照明、消费照明以及物联网照明。借助飞利浦品牌的照明产品，Interact 智能互联照明系统和数据服务，传递商业价值，改善家居生活、美化建筑和公共景观。2020 年，昕诺飞年销售额达 65 亿欧元，在全球 70 多个国家和地区拥有大约 3.8 万名员工。致力于开启照明的非凡潜力，创造“闪亮生活，美好世界”。昕诺飞在 2020 年实现了碳中和运营，独立上市以来，连续 4 年入选道琼斯可持续发展指数，并在 2017 年、2018 年和 2019 年被评为行业领导者。

行动概要

推动可持续发展和成为最佳雇主是全球照明领导者昕诺飞的公司战略核心。2016 年，昕诺飞发布了 2016~2020 年可持续发展计划——“闪亮生活，美好世界”，体现了昕诺飞的宏伟愿景，即以高品质照明营造更优质的生活环境，改善人们的身心健康、提高安全性和生产效率。该计划的目标是在 2020 年达成两项重要承诺：其一，可持续营业收入：80% 的营业收入来自有益于环境与社会效益的产品、系统和服务；其二，可持续运营：商业运营实现 100% 碳中和，并采用 100% 可再生电力。

自 2010 年以来，昕诺飞就通过采取节能技术、运输可持续化升级、物流优化以及减少出行等低碳举措，使碳排放量减少超过 70%。截至 2020 年 9 月 8 日，昕诺飞已在全球市场达成碳中和目标，可再生能源用电比例达到 100%。此外，2020 年，昕诺飞 84% 的营业收入来自节能的产品、系统和服务。目前，昕诺飞已启动新一轮可持续发展计划，旨在未来五年内实现环境和社会贡献翻番。

二、案例主体内容

背景 / 问题

为推动可持续发展，联合国 2015 年制定了 17 个可持续发展目标（SDGs），旨在 2015~2030 年以综合方式彻底解决社会、经济和环境三个维度的发展问题。2020 年以来，新冠肺炎疫情的暴发引发了社会对全球可持续发展的广泛讨论。

放眼中国市场，国家经济在过去 30 年里快速发展，然而对能源消耗的控制和可持续发展的步伐却未能及时跟上经济的爆炸式增长。中国政府已认识到环境、气候变化以及能源短缺问题将严重阻碍经济的快速发展，并已就此采取积极有效的措施。中国走在了可持续发展行动的前沿。清洁技术、可再生资源、能源效率、减排和循环利用等成为政府和企业关心的头等大事。发展绿色建筑，降低碳排放强度，制定 2030 年前碳排放达峰行动方案等推动绿色发展的举措被写入了“十四五”规划建议中。

作为一项全球性的事业，可持续发展的推动需要各行各业参与者的共同努力，与人类生产生活息息相关的照明行业自然也不例外。照明约占全球能源消耗的 20%，占家庭和办公室的能源消耗总量的 20%~50%。作为城市组成的重要部分，办公大楼的照明成本和能源消耗几乎占到整体消耗的 1/3。得益于半导体照明技术的发展及广泛应用，照明企业在可持续发展的许多环节都能发挥巨大的作用。

行动方案

自 2010 年以来，作为一家有社会责任感的企业，全球照明领导者昕诺飞就通过采取节能技术、运输可持续化升级、物流优化以及减少出行等低碳举措，使碳排放量减少超过 70%。自 2015 年起，昕诺飞启动运营模式转型，逐步实现各个市场的碳中和运营。

在目标完成的过程中，困难主要来自企业运营复杂性的增加和带领全价值链转变发展的思路上。为此，昕诺飞从以下方面开展行动以达成目标。

引领行业创新产品与服务

除了行业本身的可持续发展之外，照明行业的产品和服务也随着产业技术进步、国家政策引导以及市场客户需求而不断革新。

随着物联网、智能互联等技术浪潮席卷而来，照明行业加快了转型升级的步伐。昕诺飞作为物联网时代下的照明企业，智能互联照明系统和服务已成为其当前业务和未来发展的核心。高质量的照明产品是昕诺飞业务的基石，而智能化系统和专业的服务让昕诺飞能够创造超乎所见的照明体验，让生活更加舒适安全，让企业和城市更加高效节能地运转。

作为一家拥有 1.7 万余项照明专利的企业，昕诺飞的发展始终离不开“革新”二字。昕诺飞每年将营业额的约 5% 投入到技术研发中。昕诺飞推出的众多高效节能的 LED 照明和智能照明控制能够最大限度地减少照明能耗，帮助客户实现可持续发展目标。

对于昕诺飞来说，照明的意义并不只是“照亮”。在农业照明领域，照明可促进作物产量及质量。以番茄种植为例，昕诺飞通过联合农业专家，提供番茄适用的“光配方”，可在提高产量的同时降低 90% 灌溉用水。在生活照明领域，照明对营造积极的工作环境亦有作用。以昕诺飞大中华区总部新楼所使用的智能照明系统为例，该系统自动检测用光时间和使用需求变换照明光谱，帮助楼内人员高效工作与休息。在安全与防护领域，综合联合国组织及世界城市数据委员会（WCCD）相关数据预测，到 2050 年，全球将有 70% 人口生活在城市中，智能照明系统可帮助城市降低 21% 的犯罪率，由于减少照明电力和其他消耗所以同时会降低整体资源浪费。

以昕诺飞旗下智能灯杆解决方案为例，该智能灯杆可搭载各类智慧城市应用，将灯杆从照明资产转变为智慧城市基础设施网络，通过智能互联照明平台，照明和其他应用信息可集中于一杆之上。标准版的智能灯杆解决方案包括了照度 / 运动传感器、安全探头和显示屏，智慧城市应用可通过其提供的大数据分析构建更节能、更安全的城市。同时，该智能灯杆还预留了开放式接口，可适应不断演进的网络和技术，为未来接入新型网络提供便利。目前，昕诺飞已在中国安装了超过 2.4 万套飞利浦智能互联 LED 路灯，全新的智能灯杆解决方案将进一步升级城市内覆盖广、渗透深的路灯网络，通过城市级的数据管理和可视化数据挖掘功能，强化城市照明管理水平，提升市民福祉。

除技术革新外，企业的长期发展离不开“时变是守”的发展理念。昕诺飞正尝试将光的产品属性逐步转变为服务属性。昕诺飞于几年前率先在行业内提出“照明即服务”

（Light-as-a-Service，LaaS）这一创新的商业模式。将照明作为一项持续的服务销售，从设计和融资，到系统安装、维护和性能承诺，而不仅仅是销售作为产品的灯具。

目前，昕诺飞提倡的“照明即服务”商业模式已在荷兰史基浦机场项目中成功实践。该机场向昕诺飞支付服务费，昕诺飞则既负责全机场照明产品的提供，又负责产品更换、人员投入、技术使用等全策略方案的制定。昕诺飞通过联网装置，随时监控照明设备的运作与用电状况，出现故障马上派人维修，使产品维持在最佳能源效率的状态，淘汰的灯具则直接由昕诺飞回收再利用。为了减少维修或更换产品的次数，昕诺飞将产品设计得更坚固耐用，更容易拆解、维修。将容易发生故障的驱动器从灯泡内移到外侧，出现故障时只要更换驱动器，不用把整个灯泡丢掉，不但延长了使用寿命，也减少了废灯泡产生。这种循环经济商业模式不仅能有效节约客户成本，还通过对灯具的回收利用实现了 50% 电力消耗的减免，极大地保障了机场用光决策的合理化。

减少自身运营的环境影响

与此同时，昕诺飞正积极努力减少其产品对环境产生的负面影响。作为包装政策的组成部分，目前昕诺飞产品包装中再生纸的使用量已达到 80%，并已开始实施在 2021 年内消费类产品全面淘汰塑料包装的计划。

昕诺飞的包装政策要求，所有产品包装的再生纸含量必须达到 80% 以上，且原材料必须为经认证的可再生资源。如纸质材料不适用于某些包装，昕诺飞则会使用其他非塑料材料代替。通过淘汰产品中的塑料包装，昕诺飞每年可少用超过 2500 吨的塑料，该数字相当于生产 1.25 亿个 PET 塑料瓶的用量。若将这些塑料瓶成排放置，可延伸超过 8000 千米，相当于从中国北京到荷兰阿姆斯特丹的距离。更重要的是，使用替代材料后新包装的体积更小，每年可减少生产 6000 吨材料及运输过程中的碳排放——其产生的二氧化碳需要 27 万棵成年树木才能完全吸收。

价值链联动共推

为推动全价值链共同实现“碳中和”目标，昕诺飞及其合作企业势必会在短期内增加运营成本，提高运营考核难度。昕诺飞需要找到平衡运营成本的可行性方案，如采用可再生能源包装、采用 LED 节能光源等。此外，迈出可持续发展的第一步就是让整条价值链都了解“碳中和”的长期价值。为带动全价值链可持续发展，昕诺飞优先与采用风能发电的制造业工厂、提供可循环利用运输包装的物流企业进行合作。

与此同时，昕诺飞积极推进一系列碳补偿项目，在造福社区的同时，推动了碳中和目标的完成。

从城市到乡村，昕诺飞针对不同地区的发展特点制定了因地制宜的“碳中和”方案。在中国，昕诺飞开展社会公益活动近 20 年。从 2016 年至今，通过一系列以“光”为主题的公益项目，已累计帮扶人口超过 5 万，公益项目及活动足迹遍布大半个中国。为助力中国偏远地区教育环境优化，昕诺飞推出 LED 教室照明系统并无偿捐助给当地。在上海，昕诺飞帮助上海市路政局将黄浦江两岸和杨浦、南浦、徐浦三座黄浦江大桥的传统灯光做 LED 改造及提供照明操控软件，通过先进技术勾勒城市夜景灯光，不仅吸引了游客观赏，而且助力了城市绿色发展。从企业的商业运营到社会责任，昕诺飞均秉持可持续发展的“照明”理念，这也使中国市场于 2017 年底领先全球市场完成了“碳中和”目标。

多重价值

2021 年初，昕诺飞宣布成功完成 2020 年“闪亮生活，美好世界”可持续发展计划，并超额完成 2016 年启动该计划时所设定的目标。

2020 年，昕诺飞其他可持续发展成就包括：84% 的营业收入来自节能产品、系统与服务，超过了 80% 的目标；值得注意的是，昕诺飞所有生产基地实现零废弃物填埋；而公司 99% 的可持续供应链指数也远超 90% 的 2020 年目标。同时，昕诺飞致力于营造安全健康的工作场所，并实现了有史以来最好的安全绩效，可记录的总工伤事故率为 0.22%，远低于 0.35% 的目标。

昕诺飞在全球市场已达成碳中和目标，可再生能源用电比例达到 100%

昕诺飞大中华区于2017年率先完成碳中和。目前，昕诺飞已在全球市场达成碳中和目标，可再生能源用电比例达到100%。截至目前，昕诺飞是全球唯一一家100%实现碳中和运营，同时100%使用可再生电力的照明企业。

通过长期努力和所取得的成果，昕诺飞也得到了多方的肯定。2017~2019年，昕诺飞连续三年在道琼斯可持续发展指数（DJSI）中，被评为电器元件和设备分类的行业领导者。此外，昕诺飞被全球环境信息研究中心（CDP）评定为最高的“气候变化A级企业”，还荣获EcoVadis企业社会责任铂金勋章，位列前1%。

未来展望

全球仍面临着人口增长、城市化、气候变化和资源紧缺等挑战。因此，昕诺飞在达成出色的可持续发展成就的同时，也制定了新的目标，为应对全球挑战再接再厉。2020年9月初，昕诺飞宣布启动新一轮可持续发展计划，旨在未来五年内实现环境和社会贡献翻番。昕诺飞以“联合国可持续发展目标”为指引，设立以下目标：

双倍速赶超《巴黎协定》目标

依据“联合国可持续发展目标13：气候行动”，昕诺飞承诺将在碳中和运营的基础上，减少整个公司价值链上的碳排放。根据《巴黎协定》对全球公司设定的目标，计划2031年将全球平均气温升幅较工业化前水平控制在1.5摄氏度以内，昕诺飞将提前6年，于2025年实现这一目标。为此，昕诺飞将持续增加节能产品供应，帮助客户实现减排目标，并积极推动供应商的减排行动。

昕诺飞还将继续呼吁全球加速采用“经济适用的清洁能源（联合国可持续发展目标7）”。昕诺飞的LED照明产品能比传统照明产品节能50%。此外，使用智能互联照明系统可再节省30%的电能。昕诺飞相信，太阳能照明系统的广泛应用还能为减少碳排放提供更大的机会。

昕诺飞致力于以高品质照明营造更优质的生活环境

循环经济收入翻番至32%

当前，人类消耗的资源是地球所能承担的1.6倍，资源短缺和浪费问题极其严重，推动循环经济发展比以往任何时候都更加重要。在“联合国可持续发展目标 12：负责任消费和生产”目标指导下，昕诺飞致力于生产可重复打印、翻新、再利用和可回收的产品。2025 年可循环产品、系统和服务的收入占比将增至 32%。这一目标收入包括 3D 打印灯具以及昕诺飞于年初推出的组件可再生循环路灯所产生的收入。昕诺飞是全球首家实现 3D 打印灯具规模化生产的照明公司。

为推动循环经济发展，昕诺飞承诺使用可持续包装，并将于 2021 年底前全面实现无塑包装，实现零废弃物填埋。

“闪亮生活”相关收入翻番至 32%

在“联合国可持续发展目标 3：良好健康与福祉”和“联合国可持续发展目标 11：可持续城市和社区”目标指导下，昕诺飞承诺通过粮食供应、安全与防护及健康与福祉等项目，将“闪亮生活”相关收入增至 32%，提升社会福祉。

加强对多元化和包容性的承诺，女性领导比例增至 34%

在“联合国可持续发展目标：体面工作和经济增长”目标指导下，昕诺飞承诺营造积极工作的环境。昕诺飞将加强对多元化和包容性的承诺，公司女性领导者比例将增至 34%。昕诺飞还将进一步加强员工的安全保障，提高供应商可持续性，并通过昕诺飞基金会支持公益项目。

如今，我们即将踏上新一轮为期五年的征程，旨在五年内对环境和社会的贡献翻倍。我们将继续践行“闪亮生活，美好世界”计划来实现可持续发展目标，该计划目前已完全融入公司的整体战略和业务经营模式。

——昕诺飞可持续发展计划负责人

三、专家点评

为实现《巴黎协定》的气候目标，我们必须在 2030 年前减半全球的碳排放量。因此，2020~2030 年是实现气候目标关键的 10 年。希望越来越多的公司能够紧跟昕诺飞的步伐，制定碳中和目标。

——气候组织首席执行官 Helen Clarkson

驱动变革

国网杭州供电公司

可持续能源充电 杭州 2022 亚运会行动计划

可持续发展目标

一、基本情况

公司简介

国网杭州供电公司是国家电网公司34家大型重点供电企业之一，下辖8家县供电公司和4家城区供电分公司，现有电力用户500万、职工4875人，其中硕士及以上学历占比17.1%，博士32人。杭州电网拥有35千伏及以上变电容量8639万千伏安，2020年售电量763亿千瓦时，电网容量和电量水平居国网系统省会城市第一。全域供电可靠率99.9889%(全国第八，国网第四)，最高负荷1718万千瓦（国网系统首个突破1700万千瓦的省会城市），城区配网电缆化率95.2%，处于国际领先水平，绝缘化率100%。

近年来，国网杭州供电公司紧紧按照习近平总书记提出的“四个革命、一个合作”能源安全新要求，锚定国家电网公司战略落地“先行示范窗口”目标定位，发扬率先争先领先的“三先意识”，加快电网发展，加大技术创新，推动能源电力从高碳向低碳、从以化石能源为主向以清洁能源为主转变，加快形成绿色生产和消费方式，助力生态文明和可持续发展，打造最优电力营商环境，获得国务院发展研究中心满分评价。近年来，公司先后获得中央企业先进集体、联合国实现可持续发展目标先锋企业、全国文明单位、全国五一劳动奖状、国家电网先进集体、国家电网红旗党委等荣誉。

近年来，国网杭州供电公司积极响应联合国可持续发展目标（SDGs）号召，主动将可持续发展理念、方法融入业务运营中，通过增建基础设施并进行技术升级，优化节能实践、保护生态系统，解决企业及利益相关方面临的各类能源问题，提升综合价值创造能力，带动和引领电力行业乃至全社会的可持续发展。

行动概要

作为联合国可持续发展目标先锋企业，国网杭州供电公司以亚运电能供应者、亚运综合能源统筹者、可持续亚运理念倡议者三重身份，围绕杭州亚运会“绿色、智能、节俭、文明”办赛理念，在赛前、赛时、赛后各阶段提供电力供应、保障。

一是清洁能源方面，围绕“可持续+绿色”原则。规划供电布局，实现清洁能源全接入。电力设施建设方面采用环保材料和创新技术。

二是节能减排方面，围绕“可持续+智能+节俭”原则。积极研发能源管理系统，实时监控和分析预测能源消耗。建立区块生态化运行平台，打造以智能电网、能源互联和智能家居为核心的智慧城市。

三是可持续资源利用方面，围绕“可持续+文明”原则。积极倡导公益项目，通过一系列品牌行动，创造可持续亮点，留下可持续遗产，增色国家电网形象。

二、案例主体内容

背景/问题

联合国决议将推动体育成为实现可持续发展的重要工具。第19届亚洲运动会将于2022年在杭州召开，如何实现亚运会的能源可持续性管理，既是一次重大的历史机遇，也面临前所未有的挑战。

一是高碳排放量大。从全球来看，以往的大型赛事项目落地往往都需要消耗大量的化石能源。

二是能源浪费严重。赛时期间易造成大量不必要的能源损耗、生态破坏、生活环境污染等。

三是资源利用不可持续。赛后场馆闲置、高成本维护等将成为一大难题，雅典奥运会就是个典型的例子。

为迎接这一系列的挑战，服务好杭州2022亚运赛事召开和杭州世界名城建设、献礼

2022年党的二十大召开，国网杭州供电公司于2019年7月开始服务亚运工作规划研究，运用GB/T 31598-2015/ISO 20121:2012《大型活动可持续性管理体系要求及使用指南》评估公司在大型活动保供电、推广综合能源服务业务和开展品牌传播的管理与实践现状，总结优势与不足；同时，开展国际案例对标研究，梳理法国电力公司等能源企业助力大型活动可持续性的管理与实践经验。

在2019年完成的《服务杭州2022亚运工作规划研究报告》和工作规划草案的基础上，国网杭州供电公司于2020年2月编制完成可持续性管理体系建设与认证初步实施方案。

亚运的可持续性表现绝非供电公司一己之力可以保障，而是需要地方政府、亚组委、建设单位等能源消耗者、参赛者、观赛者等多个利益相关方统一共识、共同行动。供电企业是亚运会主要能源供应者，有责任、有义务担当起能源统筹者、倡议者的角色，让地方政府和亚组委认识到可持续能源对于可持续亚运的重要意义，让建设单位等能源消耗者遵循节约能源、保护环境的准则，让公众树立起可持续生活的意识。由于利益相关方的种类多、数量多、利益需求多元，供电公司需建立以利益相关方诉求为导向的沟通原则，不断提升沟通技巧、打通沟通渠道。

服务亚运会将是一个长期的工作，经历赛前筹办、赛时保障、赛后利用的三大阶段：

赛前筹办（2018~2021年）——推动"零碳亚运"写入亚运规划，成为社会共同目标。

利益相关方分析

利益相关方	利益诉求	优势资源
亚组委	• 安全、可靠电力供应 • 绿色、智能、节俭、文明的亚运会	• 亚运会筹备规划的前瞻性予以引导 • 政策支持
钱江世纪管委会	• 安全、可靠电力供应 • 助力区域经济发展 • 赛后亚运村持续利用	• 政策支持
亚运村建设单位	• 合理工期 • 合理的建设需求	• 技术支持
社区	• 减少干扰 • 新技术的普及和应用	• 提供反馈优化建议 • 品牌传播中介

赛时保障（2022 年）——服务绿色智能亚运会，传播可持续技术、理念与生活方式。

赛后利用（2022 年以后）——打造宜业宜居活力城，推动亚运遗产的持续利用。

为全面精准地了解政府、亚组委、亚运村建设单位、社区等利益相关方针对亚运前期筹备过程的期望和诉求，公司组织人员开展走访调研及座谈，一方面，与政府、亚运村建设单位进行洽谈，了解其对亚运会举办的痛点及预期；另一方面，走访社区，收集反馈，并将回收的信息进行分析，识别各利益相关方可以发挥的优势资源，为后续开展针对性的措施提供依据。

行动方案

对标国际电力行业企业在为大型赛事提供可持续能源管理方面的先进做法，开展法国电力公司（EDF）参与伦敦 2012 奥运会的研究，为可持续能源的利用提供实践支撑。结合大赛赛事可持续管理的要求，制定《杭州 2022 亚运可持续能源指南》（以下简称《指南》），全过程梳理亚运赛事能源使用情况。《指南》以提升亚运会能源供应与保障各个环节的可持续性绩效为目标，增强积极影响，减少或消除消极影响，为亚运能源供应、服务与保障提供可持续性标准。《指南》计划进一步征求浙江省、杭州市、萧山区的政府部门及其他合作伙伴等重要利益相关方的意见反馈，通过亚组委联合发布。

成立内部工作小组，为常态化推进亚运可持续品牌综合工程项目的实施形成组织保障。为以构建长期稳定的合作机制为目标，整合萧山供电公司在国网公司、地方政府以及媒体资源上的优势，结合媒体在社会公众中的影响力，在线下形成不定期交流、重大事项会议等沟通模式，在线上与各方建立以亚运可持续品牌综合工程项目为主题的微信群，形成统一的利益相关方交流平台，打通信息渠道，及时就工作进展和有疑虑、有争议的事件进行充分沟通。

第一，规划先行，引领能源生产与消费革命。统筹考虑能源布局、结构、时序和配置方式，推动建设科学的政策体系和市场机制，协同推进新能源开发利用，适应和引领能源生产和消费革命。引入网格链模型，制定统筹协调的发展规划，预测未来新能源新增容量最大值和最小值，预留接入容量并做好接入点规划布局。完善新能源接入流程管控体系，积极研发应用大规模储能技术、电网友好型新能源发电技术等，提高电网平衡能力和新能源接入能力。增强电网企业与科研院校的协同联系，构建科学新能源技术与设备的“研发、试验、试用、推广”全过程保障体系，推进技术研发的创新应用，提升新能源接入容量。

第二，营销探路，开拓智慧能源与数据平台。创新服务模式，以客户需求为出发点，拓宽智慧能源、能源互联网和多能互补等个性化能源服务范畴，建立能源领域新服务品牌，持续提升能源服务的市场占比。打造智慧城市，积极研发能源管理系统，实时监控和分析预测能源消耗，利用物联网、云计算等一系列新型技术和创新应用，建立社区生态化运行平台，实现主动感知、网络互连、供需平衡和资源节约，打造以智能电网、能源互联和智能家庭为核心的智慧城市。提供能源解决方案，开展“多表合一”，采集用户水电气用能信息，通过用能行为分析与预测，提供用能规划，个性化能源方案等定制服务，强化客户需求响应，挖掘电能替代潜在市场。

第三，技术助力，提供可靠供电与电能替代。构建中低压全网域覆盖的智能监测体系。贯通多系统交互，强化专业协同，构建一流配电网技术支撑管理体系，提升配网供电可靠性和智能化管理水平。试点应用高可靠性自愈型配电网。核心城区试点中压故障自愈高级应用功能，高可靠性开闭所实现主设备运行状态及环境在线监测，运行异常主动预警，有效降低故障发生率，提升供电可靠性。建立以用户为中心的主动抢修管理体系。基于供电服务指挥体系，实现营配调末端融合、协同作业，建立健全贯穿县公司、供电所、抢修力量三级管控体系的主动抢修管理流程并成熟运转，故障工单覆盖中、低压及用户侧，以用户为中心大幅提升客户响应速度和故障响应速度。利用“大数据”和“互联网 +”技术，分析、甄别客户开展电能替代项目的可能性，并对各类非用电的能耗设备进行电能替代量化打分。以模型筛选挖掘出电能替代（用业扩办电替代原有燃煤等用能方式的）潜力客户信息为基础，开展电能替代全过程管理应用。按照客户意愿，将挖掘出的客户信息通过“掌上电力”业扩办电各利益相关方共享，让电能替代与业扩办电实现对接。

作为亚洲规模最大的综合性运动会，杭州 2022 亚运会的举办将吸引众多海内外游客参观，得到社会的广泛关注。以此为契机、以节约能源为主题，规划开展公众参与的可持续品牌项目，通过一系列品牌行动，创造可持续亮点，留下可持续遗产，增色国家电网形象。

在突破创新方面：一是获得中央企业首个大型活动可持续性管理体系认证，推动亚运史上首次可持续能源实践。公司的青年女员工徐川子的电子碳单受到了联合国的点赞，其个人荣获“2019 联合国可持续发展目标先锋”。二是通过多种方式，实现亚运史上首次全部场馆都将用上绿色电能。淳安亚运分村供电是由来自 1680 千米外四川宜宾的清洁水电输送。从 2019 年到 2022 年杭州亚运会前，杭州清洁能源占比能达到 30%，提升 1 倍。三是从亚运到绿色城市。通过打造绿色出行，电动汽车充电半径从原来的 5 千米缩小为 0.9 千米。打造绿色入住：创新推广“智慧绿色酒店——低碳入住计划”，引导酒店入住客人节约用能；打造绿色企业：依托“电力大数据 + 环保”，为环境监管部门提供环境监测数据和中小企业排污监控。

多重价值

通过努力，国网杭州供电公司初步建立了推动亚运可持续能源的工作模式。通过自下而上、品牌引领驱动专业的路径，开展公司内部社会责任理念的宣贯活动。2018 年，公司邀请可持续发展咨询机构组织开展大型活动可持续性培训与调研，参与人员 52 人次，覆盖规划、生产、营销、安质等多个部门，涵盖供电所班组、萧山公司、杭州公司及省市综合能源服务公司等多个层级，促进社会责任理念在系统内部的普及。依托政府与亚组委建立每周沟通机制，将电力和可持续能源理念与亚运规划相衔接。助力打造“绿色、智能、节俭、文明”的亚运盛会。

一是打造绿色亚运，确保基建低碳、能源清洁。将亚运能源赛前筹备与政府能源规划有机结合。通过新能源项目的引导提效，充分高效利用电网资源的同时促进绿色低碳

国网杭州供电公司“红船”党员服务队到杭州奥体博览城主体育场进行用电巡检，护航亚运安全用电

红船党员服务队队员开展亚运场馆巡视

“绿色出行”保障亚运能源可持续性

红船党员服务队队员开展亚运保电宣誓

产业的和谐发展。有效减少了电网冗余建设，促进了由电网规划向“源—网—荷—储”全方位电网规划的转变。同时，在亚运场馆、亚运村配套电力设施建设方面采用环保材料和创新技术，减少资源耗费和环境破坏，助力 2060 年碳中和目标。

二是打造智能亚运，加强数字赋能、深化创新。加快创新探索步伐，推动“电力大数据 + 环保”数智驱动，唤醒海量沉睡资源。创新推广“智慧绿色酒店——低碳入住计划”，提供“碳单”引导酒店入住客人节约用能；推广绘制“光伏插座数字可视化地图”，将传统的光伏接入模式由“无序被动”变成“有序主动”。

三是打造节能亚运，宣扬节电风尚、城市节能。公司已全面实施 86 项服务举措。预计在杭州亚运会期间，58 座亚运场馆和亚运村将实现“绿电”供能超过 5000 万千瓦时，相当于减少标准煤燃烧 6100 吨、减排二氧化碳 1.52 万吨。

四是打造文明亚运，助力提升效率、优化营商。公司积极落实行动计划，主动对接政府，为政府新能源发展规划工作提供支撑材料，减少了服务环节，缩短了服务时间，解决了光伏发电企业光伏项目业务办理过程多次往返的问题，践行了新能源核准管理部门“最多跑一次”的服务理念。收获了各利益相关方的高度评价，助力杭州创建“全国电力营商环境最优市”。

此次可持续亚运的实践，深入贯彻习近平总书记在雄心峰会上的讲话精神，以新发展理念为引领，加快《巴黎协定》2030 年目标率先落地，为全球应对气候变化做出更大贡献，共建人类命运共同体。

未来展望

公司将持续优化方案，以可持续能源助力打造 2022“零碳”亚运工作，编制长期规划，加强过程信息披露，提升社会责任社会化表达，持续开展全过程可持续发展品牌传播活动。

一是规划引领：制定《“杭州 2022 综合能源服务可持续品牌工程”5 年规划》。以塑造可持续性品牌为导向，编制《“杭州 2022 综合能源服务可持续性品牌工程”5 年规划》，明确内部工作目标、重点内容与推进路径。主要包括总体要求（指导思想、总体目标、实施路径）、主要任务（确定规划期、建设期、运行期、服务期不同时期的工作方向、主要工作、绩效指标、责任部门等）、保障措施（组织保障、制度保障、资源保障等）等方面。

二是信息披露：发布《杭州 2022 亚运可持续能源绿皮书》。加强公司以可持续能源服务亚运过程中的信息披露，定期编制、发布《杭州 2022 亚运可持续能源绿皮书》，包括可持续能源服务亚运会的理念、目标、措施与进展情况，实现公司责任形象的持续强化。

三是履责升华：提升社会责任的社会化表达。注重社会责任表达内容、方式和途径的社会化。将社会责任专业术语转换为社会公众容易接受和理解的语言，用“社会经济环境效益”表述企业业务，在履责实践方面更多考虑社会普遍关心的议题。开展多样化的公众沟通，增进沟通效果，赢得社会对公司可持续发展理念和行动的认同和支持，使可持续发展的外部环境和社会氛围得到持续优化。

四是品牌传播：开展全过程品牌传播活动。结合新时代社会经济发展背景，围绕绿色、智能、节俭、文明等主题，持续开展可持续发展品牌传播活动，持续强化社会公众对国网品牌在服务亚运、贡献城市、绿色低碳等领域的可持续发展属性。

2020 年 11 月 9 日，在杭州亚运会即将迎来 600 天倒计时之际，国网杭州供电公司通过了国家认可委签发的服务亚运可持续性管理体系认证，成为全国首家获此认证的中央企业。

三、专家点评

国网杭州供电公司作为电力能源供应和保障企业，开展可持续性管理体系建设和认证,将可持续性管理体系与现有治理体系全面融合,推进公司提质增效高质量发展的同时，也将为中国能源企业的可持续性管理提供良好的样板。

——杭州第 19 届亚运会组委会办公室主任 毛根洪

驱动变革

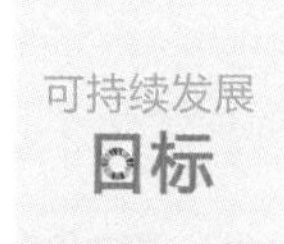

国网湖南省电力有限公司

用“透明服务”管理 解锁智能电表“不信任”难题

一、基本情况

公司简介

国网湖南省电力有限公司是国家电网有限公司的全资子公司，以建设和运营电网为核心业务，承担着为湖南全省供应安全、经济、清洁、可持续电力的重要使命。公司坚持开放包容、合作共生、依赖共享、互利共赢原则，坚持“引领者、创新者和综合价值创造者”的品牌定位，致力于通过“透明服务”提升用户满足感、获得感和幸福感，当好“能源革命践行者”“国民经济保障者”“美好生活服务者”，在建设具有中国特色国际领先的能源互联网企业、服务富饶美丽幸福新湖南建设中厚植发展共识、凝聚磅礴力量。

行动概要

随着智能电表的普及，关于智能电表跑得快、智能电表计量不精准等的质疑时有发生。为此，国网湖南省电力有限公司创新开展智能电表的“透明服务”管理，从信息披露“三层次”（必须透明、应该透明、自愿透明）和利益相关方“三权”（知情权、参与权、监督权）管理两个维度出发，明确各类利益相关方希望或者需要了解的信息和可以通过什么方式（知情、参与或者监督）参与管理，通过建设连接政府、电网企业、供应商和用电客户的计量可信平台，邀请政府驻点监督，与湖南卫视联合策划《新闻大求真》节目等一系列活动，有效缓解了公众对智能电表的误解，拉近了与利益相关方之间的距离，也为公平计量的社会环境建设贡献了坚实的电力力量。

二、案例主体内容

背景 / 问题

“我家是今年春节后新装的智能电表，新表装上后，用电量每月比以前多出十多度，肯定是智能电表在作怪。”

“电压被电力公司人为调高到 250 伏，高出国家规定的 220 伏标准，增高的电压导致智能电表跳得更快。”

“智能电表在出厂前，已经被要求调快。”

……

2008 年起，随着湖南省智能电表改造更换工程的逐步推进，智能电表跑得快、智能电表计量不精准、智能电表耗费电等质疑时有发生，尤其是一进入冬天，智能电表“飞转”的谣言就不绝于耳。国网湖南省电力有限公司从内部发力，通过规范智能电表检定“五道关卡”、建立全自动智能检定与仓储一体化系统等措施，竭力管控可能影响智能电表精准度的因素，并积极对外宣传其所做出的努力。但供电公司站在自身视角，单方面、生硬、刻板的信息输出很难得到认可，传播效果甚微，公众对智能电表的疑虑情绪依旧存在，完全没有减少或者消失的迹象，供电企业与公众之间不知不觉加上了一把不信任的大锁。如果任由此种情况发展，将对供电公司和公平计量社会环境的可持续发展带来巨大挑战，甚至会对社会稳定产生影响。

行动方案

国网湖南省电力有限公司开始系统思考如何建立并长期保持与利益相关方之间的信任关系。就像泰普斯科特在《赤裸的公司》中所说“出现信任危机之时，也即呼唤透明之时”。2017 年，随着湖南省智能电表改造工程接近尾声，国网湖南省电力有限公司开始站在利益相关方角度，层层剥茧，深度剖析“如何保持企业经营信息的‘有效披露’”“做好了基础的‘信息披露’，是否就能赢得利益相关方的信任”等问题，最终找到了“透明服务”这把解决问题的金钥匙。

开展“透明服务”管理，一是将利益相关方纳入智能电表管理之中，共同解决遇到的可持续发展困境；二是细分利益相关方对智能电表信息的诉求，分层披露和定制化披露相结合，最大程度地确保披露的有效性；三是重新定义"透明"，透明不是简单地履行告知义务，引导利益相关方参与和监督企业决策运营同等重要。

基于此，国网湖南省电力有限公司系统识别智能电表生产、采购、检定及运行各个环节的利益相关方，通过"三层次三权"的分析工具，将信息披露划分为必须透明（法律法规规定必须向利益相关方披露的信息）、应该透明（利益相关方普遍期望披露的信息）、自愿透明（利益相关方没有明确期望或普遍要求，从自身可持续发展角度解决重大问题而自愿披露的信息）三个层次，将利益相关方参与智能电表的管理划分为知情权、参与权、监督权三种方式，通过"三层次三权"分析工具的梳理，明确各类利益相关方希望或者需要了解哪些信息，可以通过什么方式加入，实现了政府、客户、公众、伙伴、员工、媒体六大类利益相关方对智能电表管理过程的有效参与。

4 年多以来，国网湖南省电力有限公司已策划并实施了一系列有针对性、有创新性，且可显著提升智能电表管理"透明度"的实践活动。**一是与政府同向。**如邀请政府驻点监督，在严格的"五道关卡"检测之外，再随机抽检 20% 的智能电表；应用区块链技术，与政府共建计量可信平台，为政府提供计量数据监管服务。**二是与客户同心。**如扩展国网湖南电力微信服务号功能，客户可查看实时电量、电费账单等信息；关于智能电表计量不精准的投诉、疑问，第一时间回复和跟进处理；组织客户用电诊断分析活动，帮助客户更科学地省电。**三是与公众同频。**如组织开展社会责任月、公众体验周、电力开放日等活动，邀请公众实地感受无人为干预、全自动化的智能电表检测流水线。**四是与伙伴同拍。**如建立《质量分析年报》机制，详细分析各批次智能电表的检测数据、存在的问题及改善方案，帮助供应商共同提升产品竞争力；邀请供应商现场观摩智能电表检测和关键试验过程，并进行疑问解答。**五是与员工同力。**如开展利益相关方沟通及"透明服务"管理等多维度培训，引导员工与利益相关方建立良好的沟通与协作关系。**六是与媒体同步。**如与湖南卫视联合策划《新闻大求真》节目智能电表专期，科学解读智能电表准确性疑问；在湖南省委、省政府重点新闻网站和综合网站——红网"百姓呼声"专栏 7×24 小时动态监测网友留言，及时回复、高效处理网民诉求。

案例 | 透明计量 放心用电

2020 年 11 月 29 日，国网湖南省电力有限公司与湖南省政府合力共建的计量数字化共享平台——湖南电能计量可信平台成功上线。该平台基于区块链防篡改技术建设，实现可信计量数据对用电客户、政府及供应商的公开透明。

用电客户可以通过平台查询每块在运行智能电表的电子检定证书，以及检定所使用的计量标准等客户关心的检定信息。政府机构可以通过平台查询计量机构资质的有效性、计量装置运行的合法性及检定检测工作质量情况，并进行实时线上监管。智能电表供应商可以通过平台汇聚的各类智能电表检定检测数据，及时了解不同批次智能电表的运行、质量分析数据，同时在平台上完成智能电表供货全流程线上业务协同。

电能计量可信平台的上线运营，是国网湖南省电力有限公司坚持透明运营的又一次突破性进展，为三湘百姓放心用电打下了坚实的基础。

案例 | 开放观摩 答疑解惑

在与供应商的长期合作过程中，国网湖南省电力有限公司发现部分供应商对智能电表的检定过程心存疑虑。针对这一情况，国网湖南省电力有限公司在积极提升自身电能计量箱（三相）检测标准化、规范化、公开化水平及湖南配网设备的全过程质量监督和运维管理水平外，创新开展供应商观摩活动，以促进与供应商之间的互信互利。

2017 年 6 月 15 日，国网湖南省电力有限公司创新策划了以“科学准确、公平公正”为主题的“开放式观摩”活动，邀请了全部送样供应商现场参加电能计量箱（三相）招标检测，实地观摩电磁兼容试验、脱扣性能试验、计量箱箱体试验和短路分断试验等关键试验过程，并对供应商现场提出的疑问进行详细解答。同时，邀请了省技术监督局、招标公司工作人员、技术员、纪律监察人员全过程监督“盲样”处理。

通过“开放式观摩”活动，公开展示检测过程，不仅对外展示了智能电表检测过程和结果的公平公正，也获得了供应商对国网湖南省电力有限公司精准检测能力和精益管理措施的高度认可，巩固了与供应商良好的合作关系。

案例 | 走进来 看和听

国网湖南省电力有限公司重视智能电表管理过程对媒体、公众等利益相关方的公开透明，每年度常态化开展“走进来”系列活动，邀请利益相关方实地参观和感受智能电表的高效和精准管理。

2018 年 3 月 16 日，国网湖南省电力有限公司邀请《湖南日报》、湖南卫视、湖南都视、政法频道、《三湘都市报》、《潇湘晨报》等一批主流媒体参观湖南首个电能计量器具全自动检定仓储一体化系统，就电能表免费轮换改造工作向媒体进行介绍和答疑，向社会传递“精准精细”的工匠精神和“阳光计量、透明服务”的工作理念。

2019 年 8 月 28 日，国网湖南省电力有限公司邀请《潇湘晨报》小记者走进“湖南省智慧能源计量科普园”参观体验。在解说员的带领下，小记者们一方面学习了解太阳能、机械发电、人体生物电、日常生活用电小窍门等知识；另一方面了解了电表发展历程，近距离感受长沙用电大数据实时采集系统、“五线一库”智能电表全自动检测流水线，增强了对电能计量知识与供电服务的认识与了解，增强了对国网湖南省电力有限公司智能电表管理“公平公正，科学准确”品牌形象的认知。

多重价值

经过多年的耕耘，国网湖南省电力有限公司积极推动自身变革，从剖析问题出发，追根溯源，找到了智能电表“透明服务”管理这把钥匙，解开了长期引发公众对于智能电表的疑虑、不信任的难题，获得了利益相关方的积极反馈和正面评价，综合价值凸显。

一是公众对智能电表的误解得到一定程度的缓解，电表“飞转”“不准”等不实言论明显减少，2020 年收到的客户申请校验电表工单数量同比减少 55.49%（2020 年为 1900 条，2019 年为 4269 条）；二是有效拉近了与利益相关方之间的距离，相互沟通更加顺畅，2020 年已有 1100 万电力客户绑定“国网湖南省电力有限公司”微信服务号，可实时查看电量和电费账单等信息；三是“公平公正、科学准确”的品牌形象逐渐深入人心，为湖南全省公平计量的社会环境贡献了电力力量，2020 年完成湖南全省计量标准量值传递 1750 台套，检定完成率 100%，实现 2920 余万只低压用户表计在线监测和精准到只状态评价；四是创新探索了“透明服务”的管理思路和管理方法，为电力企业解决更多利益相关方关切的热点问题提供有效借鉴，截至 2020 年底，已累计接待了国网河北电力、国网湖北电力、国网宁夏电力、国网四川电力等多家省级兄弟单位到访开展“透明服务”管理专项交流。

利益相关方评价

你用心，我放心。——**人大代表**

受邀参加计量设备入网检测开放式观摩活动，齐全的检测能力和严谨的管理措施给我留下了深刻的印象。——**供应商（河南许继仪表有限公司）**

在解决网络客户诉求和处理网络舆情方面，是最重视、反应最迅速、解决问题最高效的公共服务企业（连续两年在湖南省网上群众工作高峰论坛上获评“网民留言办理工作先进单位”）。——**媒体（红网百姓呼声栏目组）**

湖南电力上线了服务号，支持用户查看实时电量、电费账单等信息，现在用电更放心、更方便了。——**市民王女士**

看过湖南卫视《新闻大求真》一期节目，里面专家对智能电表进行各种检测，说没有任何问题，也就放心了，湖南卫视还是信得过的。——**市民申先生**

未来展望

通过开展智能电表的“透明服务”管理，国网湖南省电力有限公司探索了以信息披露“三层次”和利益相关方“三权”管理为基础的创新管理方法，且已被证实是有效和有力的。但是，依然存在一些挑战，如“透明服务”管理不是一蹴而就的，需要长期的坚持和积累；部分公众对供电公司的“垄断”偏见由来已久，短期内难以改变；不乏一些意图煽动公众仇视情绪的不法分子，对供电公司进行恶意造谣等，这些都为国网湖南省电力有限公司修复与利益相关方之间的信任关系造成了很大障碍。因此，“透明服务”管理，任重而道远，国网湖南省电力有限公司做好了长期奋战的准备。

此外，鉴于信息披露“三层次”本身具备的动态发展特性（即随着经济社会环境的不断发展，自愿披露层面的信息将逐渐转变为应该披露层面的信息，应该披露层面的信息将逐渐转变为必须披露层面的信息，并会不断产生新的自愿披露层面的信息），国网湖南省电力有限公司将在“透明服务”管理的基本思路和“三层次三权”分析的基本原理框架下，从深度和广度两方面进行持续耕耘。

从深度方面来讲，国网湖南省电力有限公司将从信息披露“三层次”的披露范围及利益相关方“三权”管理界定、权利表达程度界定等方面开展进一步研究，强化现有“透明服务”管理的先进性和时效性，切实发挥好“透明服务”管理对智能电表科学准确计量形象的助力作用。

从广度方面来讲，电力与民众生活息息相关，是工商业活动的必需要素，经济的繁荣、生活品质的提升都要依靠稳定可靠的电力供应来保障，保持“透明”将最大程度地保障用电客户知晓电力供应情况，合理安排自身的正常生产生活。国网湖南省电力有限公司将系统归纳总结智能电表“透明服务”管理工具、方法及成熟经验，将其推广至更多业务工作领域，提升电网建设及运营全方位、全环节的整体“透明”，切实做好地方发展的“先行官”。

三、专家点评

国网湖南省电力有限公司开展的“透明服务”管理，让我不禁开始思考这样一个命题：“不信任是一把锁，而透明度就是打开这把锁的金钥匙。”

电力与民众生活息息相关，是工商业活动的必需要素。因此，供电公司与利益相关方之间的充分信任就非常重要了，不论是供电公司还是利益相关方，也不论愿意与否，都通过电网紧密地连接在了一起，一旦出现信任危机，就等于在彼此之间加上了一把互相排斥的大锁，结果只能是两败俱伤。

国网湖南省电力有限公司开展的“透明服务”管理，很好地找到了打开这把锁的金钥匙。通过精准定位与利益相关方产生信任危机的源头，推动利益相关方对智能电表运营信息的知情、参与和监督，及时对信任危机进行了修复。这个新的管理思路不仅为智能电表精准度不信任问题的解决贡献了实际价值,也能够广泛应用在供电公司的电网规划、电网检修、优质服务、公益管理等各个方面。此外，其分析方法和管理模式逻辑清晰，遵循管理科学的规范和流程，不受地域、行业、经营性质等限制，具备被更多行业和更多企业学习借鉴的条件，是非常有价值的探索和尝试。

未来，期望更多的企业也能够来使用“透明度”这把打开“不信任之锁”的金钥匙，加入透明度管理的行列之中，共同开展更多的管理探索和创新实践，为可持续发展的中国行动贡献经验和故事，携手各类利益相关方拥抱信任、合作共赢。

——金蜜蜂智库首席专家、ISO 26000 利益相关方全球网络（SGN）联席秘书长 殷格非

驱动变革

天九共享控股集团有限公司

抱团加速创新创业企业 支持传统企业智慧转型

可持续发展目标

一、基本情况

公司简介

天九共享控股集团有限公司（以下简称“天九共享集团”）成立于1991年，是一个依托互联网、大数据、创新科技的全球化企业赋能平台。通过“共享”商业模式，链接传统行业与新经济企业，从线上到线下，以“定制化+专业化”服务方式，实现资源与需求高效精准对接。服务实名企业家用户超过120万，业务遍及北京、上海、深圳、香港、纽约、巴黎、贝尔格莱德、墨西哥等全球40多个城市，为成长型创新创业企业发展提供全方位智慧解决方案、专业化服务体系和资源共享平台，正在加速的创新项目为321个。同时，不断拓展至新型电商、通航产业、智慧产品与服务等诸多领域。

行动概要

针对创新创业企业发展中缺资金、资源、传统企业转型缺创新项目等问题，天九共享集团创立独角兽企业加速器，通过联营赋能、资本赋能、资源赋能、智慧赋能四大模式，一站式解决企业发展过程中的资金问题，帮助企业突破快速发展过程中遇到的战略、品牌、营销、公关、人才等各种瓶颈，实现项目方、平台方、投资方、联营方四方抱团经营，快速抢占国内外市场，共享蚂蚁变大象的价值。

独创抱团合作模式，在各地甄选创新创业项目，通过全国 / 全球赋能，让成长型创新创业企业快速成长壮大。同时，帮助从事传统行业的企业家与代表时代发展趋势的创新创业企业抱团合作，助力传统企业在新经济环境下创新发展、智慧转型。

二、案例主体内容

背景 / 问题

2020 年，对于大多数中国企业来说是改变轨迹的一年。新冠肺炎疫情席卷全球，国际政治局势波谲云诡，中国互联网出海企业被美国“围剿”……震荡的局势造就了企业发展的分水岭，有的逆势而上、有的借势突围、有的壁虎断尾、有的遗憾出局。在此背景下，中国企业特别是中小微企业如何破局，成为 2020 年备受各方关注的热点。

一方面，对于大量的新经济企业、创新创业的企业，它们的技术强、产品好、创新度非常高，但是，在遇到各种瓶颈，如缺乏资金、资源、团队时，如何能够迅速做大市场、实现更好发展将是它们面临的巨大挑战。另一方面，对于大量的传统企业，它们有资金、资源、团队、人脉等优势，但是缺少创新的、优质的、可以快速落地的项目，对于它们来说，如何实现企业转型，也是要面临的巨大挑战。

行动方案

40 多年前，当“以经济建设为中心”在党的十一届三中全会被提出时，掀起了一次我国商业史上波澜壮阔的经济大潮，也成就了一批大潮旋涡中的中流砥柱——企业家阶层。

每一个时代，都有一个固定的群像。成功的企业家主导所处的时代，卓越的企业家则会跨越多个时代，经久不衰。1991 年，当许许多多的淘金者、企业家通过时代的大浪让自己乃至家庭换个“活法”时，天九共享集团董事局主席卢俊卿则将目光锁定在了组织、企业、社会、经济等更为宏观的命题上。

个人换个活法很容易，但如何让中国企业换个更好的活法呢？怀着这样的初心，天九共享集团诞生了，经过将近十年的沉淀与探索，2000 年天九共享独角兽企业加速器一经推出，即受到社会各界的高度认可与热烈追捧。同年 9 月 12 日，科技部、商务部、中国社会科学院、北京市政府在北京人民大会堂联合推介天九共享这一创新成果，时任全国人大副委员长成思危、全国政协副主席陈锦华、北京市副市长林文漪、诺贝尔经济学奖获得者克莱茵等领导、专家，以及来自微软、联想等知名企业的 300 多位企业家出席，新华社、《人民日报》、CCTV 等全球 400 多家主流媒体热忱报道。

新经济与企业家孵化器国际论坛

卢俊卿有感而发：“天九共享最大的梦想就是创建一个庞大的企业加速器，源源不断地为国家、为民族、为社会造就企业和企业家。也许，我们的努力只能为世界点亮一盏灯，但一盏灯也能照亮一片黑暗。如果我们每个人都点亮一盏灯，世界就不会再有黑暗！”

天九独角兽企业加速器的商业逻辑

新经济发展形态下，天九共享集团在追求企业价值增长的同时，积极倡导可持续发展与经济、社会和谐同步前进，积极探索以商业模式的创新共享履行社会责任，构建人与自然、环境、社会和谐共处的良好局面。

天九独角兽企业加速器致力于帮助传统企业“抱团加速创新创业企业，智慧转型新经济”，帮助新经济企业快速抢占国内外市场，共享蚂蚁变大象的价值。同时，凭借构建的创新创业新生态，为盘活中国经济存量市场资源、助力实体经济发展贡献着新动力，添加了新引擎。

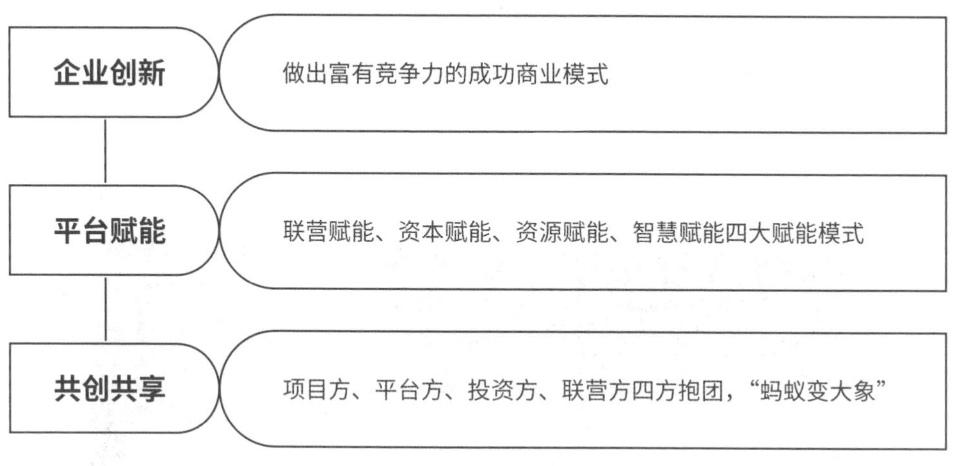

天九独角兽企业加速器的商业逻辑

天九独角兽企业加速器的基本模式

联营加速	资本护航	综合帮扶
若干企业家抱团经营，闪电式抢占市场	一站式解决企业发展过程中的资金问题	帮助企业突破快速发展过程中遇到的战略、品牌、营销、公关、人才等各种瓶颈

天九独角兽企业加速器的基本模式

这一模式旨在让新经济企业、创新创业的企业与传统企业发挥各自的优势，弥补各自的短板，携手共同发展。

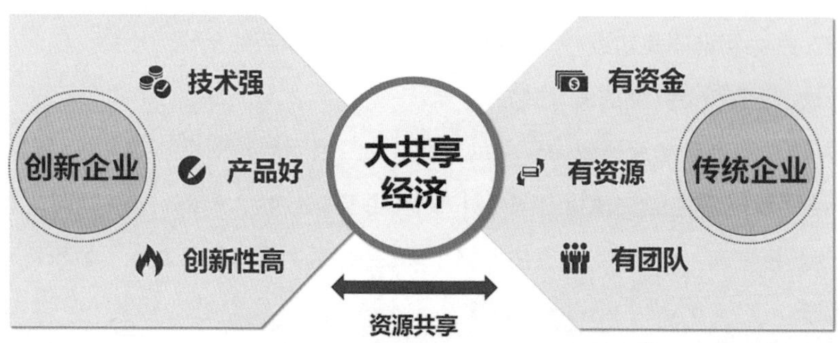

天九独角兽企业加速器的资源共享模式

天九共享集团打造的是一个全要素共享资源赋能平台，通过全要素整合，助力平台上的创新创业企业。

在资本要素方面，天九共享集团推出万亿资本共孵独角兽的项目，整合了到目前为止国内 416 家投资机构，通过资本整合为项目服务，让优质项目快速地在全国、全世界裂变。

2020 年 8 月 18 日，在天九共享 29 周年庆典上，天九共享宣布集中启动 34 个准独角兽项目上市计划。同时，包括华为云产品、中国移动咪咕公司、达闼科技等在内的一批明星级独角兽企业、代表与天九共享集团现场签约，携手合作，正式进入天九独角兽加速器。除明星级独角兽项目外，还有众多来自天九共享独角兽孵化池中的优质项目在“2020 中国独角兽嘉年华开幕式”上集体亮相，56 个独角兽和准独角兽项目齐聚一堂，涵盖了人工智能、大数据、物联网、互联网 +、区块链、新零售、新电商等众多新经济领域。

2020 中国独角兽嘉年华开幕式

在赋能要素方面，天九儒商学院会集了行业指挥、大咖分享，同时还提供管理工具，是专属服务于企业家群体的 O2O 学习社交商务平台，以培养品质优秀、有文化修养的商界精英为己任，弘扬儒商精神，为企业家提供了 O2O 学习、商机、社交三位一体的创新模式，通过线上线下联动，助力企业家成长升华、企业转型腾飞。

在平台要素方面，天九老板云上面有百万企业家，通过在线平台实现互动互通、互畅共赢，同时，天九电商城市互助联盟这一类型的平台可以帮助企业解决卖货难、营销难、获客难等一系列问题。

目前，中国独角兽商机共享大会由中国商业联合会与天九共享集团共同主办，是以共创、共享、共赢为主题，集商机、智慧、人脉为一体的全球O2O商机共享平台。通过企业资源互联互通，为优质项目寻找发展资金，为企业投资资本寻找优质项目，实现“抱团加速创新创业企业，共享蚂蚁变大象的价值”。截至2020年底，大会成功举办了368届，疫情之后天九共享集团把这些大会转到了线上，召开了近30届线上的中国独角兽商机共享大会，同时继续小范围地在线下召开，促进项目方跟企业家方、资源方进行对接，帮助众多企业家足不出户尽揽商机。

线上中国独角兽商机共享大会

同时，天九共享集团倾力打造的全球创新创业企业交流合作与赋能加速平台，帮助中国优质企业走向海外，甄选海外优质项目引进中国，促进全球企业交流合作，实现企业资源互联互通，让生意无国界。与全球志同道合的伙伴一起，共创美好事业，共享成功幸福，共建可持续的商业未来。

在资源要素方面，整合了百万企业家的资源，利用他们的所有场地，以及掌握的政治优势、人脉、产业、渠道、资本等海量资源为项目服务。

解决方案中的突破创新点

资源共享实现模式创新

天九共享集团贯彻实施“创新、协调、绿色、开放、共享”五大发展理念，针对传统企业和创新企业业务发展的痛点和难点，大胆进行商业模式的创新，开创性地提出“传统企业 + 创新创业企业”互助联营、相互成就的新模式，践行不分行业赛道和区域的“大共享”理念，通过商机共享、企业家资源共享等经济模式，最大限度地与伙伴方实现资源开放共享，合作共赢。

科技助力实现智慧共创

天九共享集团开发和利用大数据、云计算、人工智能、物联网和区块链等先进技术，依托自身的创新创业加速系统平台，提供天企云商、互助购、园区云、商务云等多维度、全方位的支持与服务，对创新创业企业进行孵化加速，助力整个产业的升级发展，将技术转化成生产力，打造智慧企业，通过智慧增长获得智慧发展。

抱团联营实现价值分享

天九共享集团通过调配各方资源触达更多的优质项目、联营伙伴、投资人与机构，实现报团取暖，共赢共创。目前已成功加速了嗖嗖、东华健康、友饮等 321 个成长型创新创业企业，项目涉及人工智能、大数据、物联网、互联网 +、区块链、新零售、新电商等众多新经济领域，为数十万企业提供了共享服务平台，为社会创造了大量的工作岗位、创业机会和地方税收。

多重价值

为不同企业赋能，解决企业发展难题

天九共享集团构建的创新创业新生态，盘活中国经济存量市场资源，助力实体经济发展，推动越来越多的中国创新创业企业迈向世界舞台。2020 年，加速的成长型创新创业企业 145 家，为社会经济发展注入新动能。

汇聚多方资源，共创巨大的经济价值

天九共享集团通过调配各方资源触达更多的优质项目、联营伙伴、投资人与机构，实现报团取暖，共赢共创。对项目方，"低成本、闪电式"抢占市场，全程护航健康成长。通过充分利用平台优势缩短项目对接的时间差，提升合作成功率，降低经营成本和投资风险。同时项目方还能够借助平台提供的资源和数据来拓展业务，调整运营模式，并通过智慧赋能，进一步提高自身运营效率与盈利模式。对联营方，抱团加速创新创业企业，轻松转型新经济，共享"蚂蚁变大象"的价值。

目前，天九共享集团正在加速的创新创业企业超过 321 家，合计帮助约 12000 个传统企业通过抱团发展、达成转型升级合作，促进就业超过 36.5 万人。

2020 第七届中国品牌影响力评价成果发布活动暨"共克时艰、共赢发展"政企交流会在厦门盛大举行，经第三方权威舆情监测机构综合评价及专家委员会审定，天九共享集团荣膺"2020 中国品牌影响力全球最佳独角兽平台"奖项，天九共享集团创新创业企业加速赋能之路再获专业认可。

利益相关方评价

项目方代表杭州安步网络科技有限公司的董事长戴其其：作为项目方可获得天九共享多方帮助。第一，通过天九联营企业家帮助快速开拓市场，实现企业规模快速成长；第二，通过资本助力解决企业在发展过程中需求的资金难题；第三，天九共享推出全球众多优秀管理理念、管理模式等，值得创新公司学习吸收。天九共享有足够的能力聚拢优秀的企业家人脉，尤其是有一定资金能力又需要优质项目的三到六线市场的中小企业家。

项目方代表嗖嗖创始人、董事长程俊：嗖嗖致力于打造快捷、便利的社区电商平台，给消费者方便，为实体店赋能。自然生长和平台加速确实天壤之别，过去几年我们非常努力，也只是做到了 1000 多家，没想到进入天九独角兽加速器后，不到 18 个月我们做到了 60 多万家店，公司的价值也从 A 轮 2 亿元估值暴增到 B 轮 32.5 亿元！感恩天九！

联营方代表湖南梦和商业有限责任公司董事长荆纪国：在新经济的冲击下，传统生意越来越难做，看到独角兽天天诞生，我们却只能望洋兴叹。面对新经济，我们有精力、有资金、有人脉，但却进不去，也出不来，深感焦虑。感谢天九独角兽企业加速器，让我们抱团加速创新创业企业，共享“蚂蚁变大象”的价值。

投资方代表达盛集团有限公司董事长周建河：经过 20 多年的艰苦创业，我在全球创办了 22 家集团和控股公司。现在儿子接班了，自己也不想再做“母牛”了，想做“种牛”了，希望成为一个轻松快乐的投资人，但又很难找到一个优质平台，很幸运遇到了天九独角兽加速器，我的梦想成真了，真心地感谢天九。

未来展望

展望未来，中国经济发展步入快车道，随着建党 100 周年华诞，以及“十四五”规划政策红利的逐步释放，抗疫进入常态化，中国经济将快速发展。“十四五”时期还是我国全面建成小康社会、实现第一个百年奋斗目标之后，乘势而上开启全面建设社会主义现代化国家新征程、向第二个百年奋斗目标进军的第一个五年，中国将进入一个新发展阶段。

面对新的历史发展机遇，天九共享集团将持续加速业务发展，致力于为创新创业企业加速赋能，服务百万企业家用户，通过双轮驱动，做大平台，做强孵化，助力更多中小企业快速崛起，帮助更多海外企业走进中国；通过网络科技、国际、电商、通航、营销、咨询等多种措施，为项目增值， 实现全链贯通；同时通过数字化、社会化、区域化“三化营销”，让企业家拥抱智慧企业，拥抱大共享经济。

未来，天九共享集团将持续秉持“为企业赋能 让伙伴幸福”的企业使命，在全球企业赋能平台上为更多企业加速。此外，天九共享将带动更多中国企业走向世界，也会把更多全球优质项目引入中国，逐步实现“与全球有梦想的伙伴一起，共创美好事业，共享成功幸福，共建可持续的商业未来”的远大理想。

三、专家点评

经营一家企业不仅是一桩生意，更是合作学习，携手共行，为全世界谋求福利。在我看来，面向未来的企业应该是学会合作的企业，应该是对社会负责的企业，就像天九共享集团一样。

——西班牙前首相 何塞·路易斯·罗德里格斯·萨帕特罗

明天的全球化的世界只有摒弃过去的不信任，才能在新的跨文化的互信关系中得到平衡和发展。天九共享集团及其创造的平台，就是实现这个愿景的重要一环，其不断发展和创新的能力，终将发挥更加具有创新性的作用

——荷兰前副首相 劳伦斯·杨·布林霍斯

天九共享集团是企业社会责任的最佳践行者，其所倡导的大共享理念是独特而非常具有创新性的，通过整合资源，对中小企业的赋能，实现抱团取暖，蚂蚁变大象，解决中小企业生存困境，是非常大的一个社会责任，应通过多种途径，将大共享的理念传播出去，影响更多的中小企业履责。

——中国社会工作联合会企业公民委员会副会长兼总干事 张少平

天九共享集团的业务模式能够很好地解决就业问题，正在加速的创新创业企业超过321 家，合计帮助约 12000 个传统企业通过抱团发展、达成转型升级合作，促进就业超过 36.5 万人，凸显了天九共享集团在推进解决就业方面的社会价值。

——首都经济贸易大学人才学研究中心秘书长 丁雪峰

天九共享集团的业务模式具有很好的创新性，非常适合大学生创业，如果能够通过天九共享集团的平台将大学生的奇思妙想变为现实，那将创造巨大的影响力。

——中国大学生知行促进计划秘书长 夏军

驱动变革

内蒙古蒙牛乳业（集团）股份有限公司

让可持续发展成为我们的工作和生活方式

一、基本情况

公司简介

蒙牛乳业（集团）股份有限公司始建于 1999 年，总部设在中国内蒙古呼和浩特市，是中国领军、世界知名的乳制品企业，位居全球乳业八强。2004 年，蒙牛在中国香港上市（2319.HK），是恒生指数成份股。

蒙牛专注于为中国和全球消费者提供营养、健康、美味的乳制品，形成了包括液态奶、冰激凌、奶粉、奶酪等多品类的丰富产品矩阵。

蒙牛以“守护人类和地球共同健康”为可持续发展愿景，致力于实现“更营养的产品，更美好的生活，更可持续的地球”战略目标。承接 17 个联合国 2030 可持续发展目标，蒙牛构建了全公司参与的可持续发展体系，包含 12 个可持续发展事项，囊括 27 个蒙牛行动。

行动概要

GOAL——Green Operation and Life，是蒙牛集团在可持续发展体系构建过程中提出的一个理念，意指蒙牛将通过倡导“绿色运营与生活”，实现“守护人类和地球共同健康”的愿景。2019 年，蒙牛集团低温事业部成立了 GOAL 团队，通过引入环境可持续知识模块，建立起 GOAL 体系，将传播这份“绿色理念”作为工作目标，通过五阶段制度与实践的深度融合，促使每位员工真心实意地成为绿色公民和环保使者，在工作和生活中身体力行，在供应链端和个人生活端产生绿色影响，让更多的组织和个人理解绿色理念，实现绿色运营与生活。GOAL 同时寓意联合国可持续发展目标，我们号召更多的人成为目标守护者。

二、案例主体内容

背景 / 问题

2015 年 9 月 25 日，193 个成员国在联合国可持续发展峰会上正式通过了 17 个可持续发展目标。可持续发展目标旨在 2015~2030 年以综合方式彻底解决社会、经济和环境三个维度的发展问题，转向可持续发展道路。蒙牛也于 2019 年发布了可持续发展战略，承诺守护人类和地球共同健康，全面对标联合国可持续发展目标。

对于蒙牛而言，如何将可持续发展目标（SDGs）与战略结合、与业务结合，通过全员参与，成为所有内部利益相关者的工作和生活方式？进而更多地通过公司的大健康理念下的产品和服务，传递给更多的消费者、合作方、员工等外部利益相关者，也逐步成为他们认同的工作和生活方式？以上这些实际落地的问题，为蒙牛的可持续发展道路提出了挑战。

行动方案

对蒙牛人来说，奋斗从来不曾停息，而时代的要求在多个维度上都是演化的。为积极

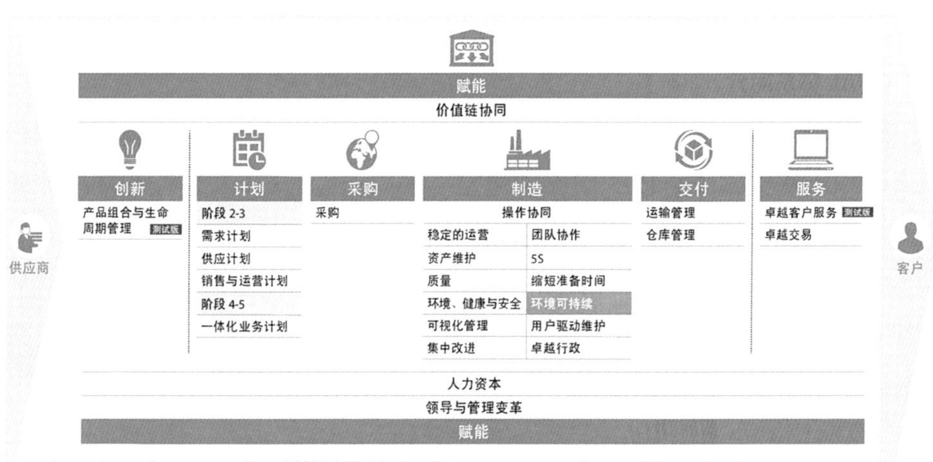

一体化改进体系（integrative improvement system，iis）

响应国际倡议、国家规划和远景目标、将可持续发展融入工作与生活，蒙牛在 2017 年升级了五阶段走向世界级制造管理方式 MNWCO2.0。之后，又于 2019 年与竞能企业 CCi 合作增添了环境可持续模块，即后来发布的绿色运营与生活体系（GOAL）的内核。在价值链内搭建一体化改进体系和形成改进生态的路上，蒙牛是国内第一家系统性地引进环境可持续模块的客户，也是参与 CCi 全球在其知识体系上完善环境可持续的最佳实践的第一家中国公司。

蒙牛世界级运营体系 2.0 版本（MNWCO2.0）

GOAL 体系简介

基于 MNWCO2.0 内环境可持续的知识和评价体系，将绿色运营与生活分成五个阶段（漠不关心、合规与启蒙、承诺、创新、领导力），涵盖了与运营密切相关的环境可持续的四个实质性议题：空气污染和受关注物质（Substance of Concern, SOC）、废弃物、能源和气候变化、水。绿色运营与生活还包括很有中国特色的绿水青山就是金山银山（内外同绿 Green In & Green Out）、人与自然、生命周期和生态经济理念、可再生农业和责任供应链，涵盖到与环境相关的自然教育、生物多样性、志愿者文化等更多方面。

GOAL 体系诞生小故事

2019 年 5 月 23 日下午，北京史家胡同小学的小学生们和他们的老师、家长代表作为自然之友盖娅羚羊团的志愿者，拜访了处于北京通州区的蒙牛低温发酵乳事业部。他们一行十人左右，倡议蒙牛参与“byebye 塑料吸管”的活动，建议认真思考如何从源头减少一次性塑料吸管的使用。以朱莲碧荷小朋友为代表，现场展示了海洋塑料成灾的影片，并带来他们在学校里组织不用吸管直接喝酸奶、看谁喝得更快的欢乐的活动照片，带来了学校里孩子们设计的 10 多张“新吸管”图纸。其中一张图是“我喜欢用巧克力做酸奶吸管，然后喝完了之后直接吃掉”至今让人印象深刻。

byebye 塑料吸管海报

这场美好的相遇深深触动了蒙牛的员工们。蒙牛看到，其实消费者已经在发生变化，尤其是祖国未来的花朵们！所以，2019 年下半年，绿色运营与生活体系正式启航。在体系里，也特别设置了人与自然模块，模块内的成员都观看过自然之友“梁从诫”的电影，通过可持续未来集训营等方式开展员工及家庭的自然教育，拥有自己的自然名，唤醒身体里最深的记忆，无论是工作还是生活，人类是自然之友，我们是整个蔚蓝星球的生命共同体的一环。

可持续发展是我们每个人为生命星球可以贡献和成就的最大公益，也是我们这代人最好的入世人生哲学。

2019 年设计的 GOAL 体系 logo

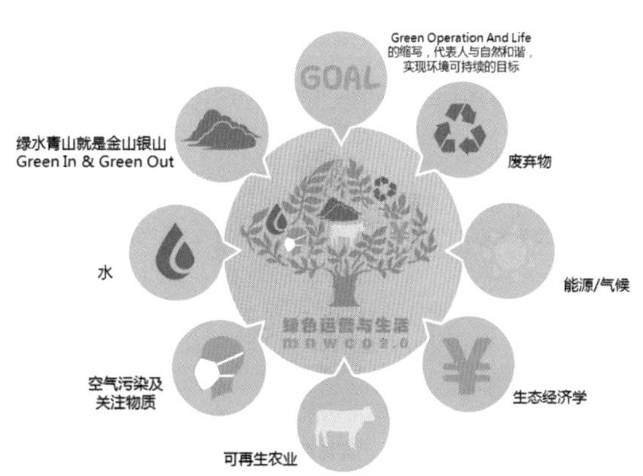

绿色运营与生活体系，披露于蒙牛 2019 年和 2020 年可持续发展 ESG 报告

我们高度认同联合国的17个可持续发展目标"生态—社会—经济"三个层面议题的相关性：在良好的生态圈基础上才会有社会圈，在良好的社会圈基础上才会有经济圈，而串起这一切的则是SDG17。

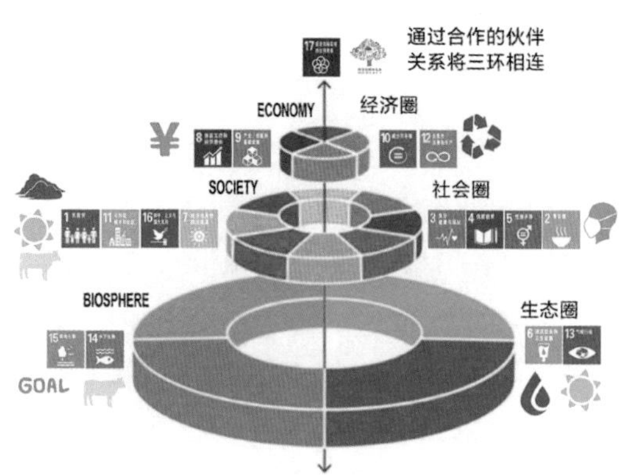

GOAL体系，通过9个方面响应联合国可持续发展目标

绿水青山就是金山银山模块"致力于SDGs志愿者文化的打造，让更多人成为SDGs的守护者，各地组织在当地都要努力成为问题的解决者，而不是问题的一部分"，人与自然模块"将自然教育尽可能多地带给蒙牛生态圈的同事和家庭，尤其是下一代"，可再生农业模块关注"乡村振兴，可持续的土壤和生物多样性"，而责任供应链是2020年底新开启的模块，我们希望在制造业里，通过各地这些年培养起来的MNWCO2.0及环境可持续的改进人力，将我们的这棵小树代表的价值观、理念和做事的方式方法（道、法、术、器）介绍给更多的合作伙伴，一起形成可持续发展之势。

多重价值

逐年提升可持续运营水平

在过去的几年里，蒙牛使用自身力量，协同外部专家团队，对工厂进行了MNWCO2.0的全面健康体检，包括对领导和管理变革的关键根基的改进实践的审核，也包括对质量、资产维护等立柱实践的审核。体检让各个实体组织都看到了自己在世界级运营上所处的位置，由此设定目标，阶段性地走向可持续。

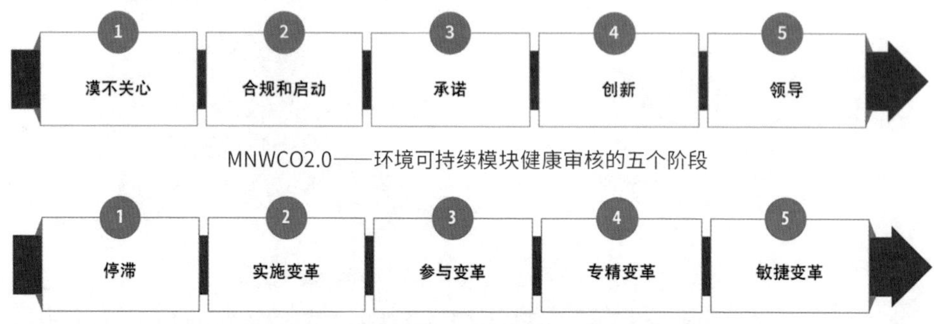

MNWCO2.0——环境可持续模块健康审核的五个阶段

MNWCO2.0——领导与管理变革模块健康审核的五个阶段

案例 | “新”平衡的绩效改变——以马鞍山工厂为例

可持续的平衡计分卡需要包括五个方面，在传统的财务、客户、内部流程、人员培养这四个维度之外，还有可持续的维度。因此，我们在每个工厂的绩效管理上，都开展了新平衡计分卡理念下的引导。

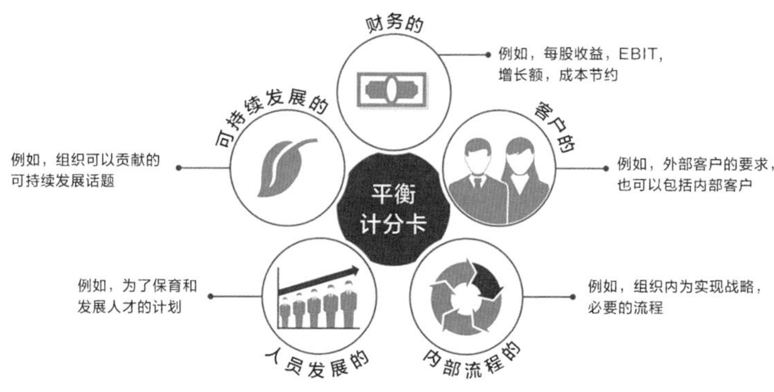

MNWCO2.0——新平衡计分卡

马鞍山工厂在环境影响和资源耗用上逐年持续改进，例如 2020 年单吨水耗同比改善 20%、电耗改善 3%、气耗改善 14%、奶损改善 10% 等，并且 SDGs 志愿者走出日常工作的环境去感受整个大环境、大社会，无论是参与净滩活动（E 维度）还是敬老抗疫扶贫（S 维度）等。马鞍山工厂曾经的持续改进工程师之一何燕平，代表蒙牛集团于 2020 年底在上海举办的可持续水联盟的会议上发言，在丹麦使馆关于食物浪费的会议上进行分享，并参与首届金钥匙活动的路演；目前，她已经转型到 EHS 团队进行 ES 的专业化管理的职业发展道路中。

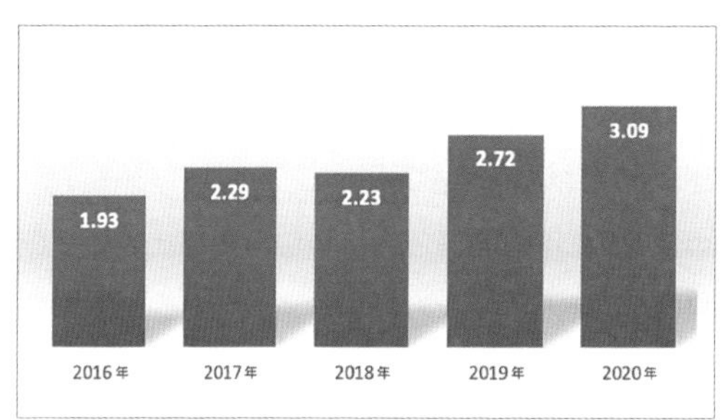

MNWCO2.0——马鞍山工厂制造模块整体审核分数的进步

2020 年马鞍山员工代表何燕平在丹麦使馆进行关于杜绝食物浪费的发言

可持续文化深入全员

仅有绩效没有与时俱进的实践支撑是无法更进一步的。而与时俱进，很多时候需要不断反思自己之前成功的做法，也需要有否定自己的勇气。所以，蒙牛在可持续发展领域领导和管理变革的时候，自上而下、自下而上，都需要变革。

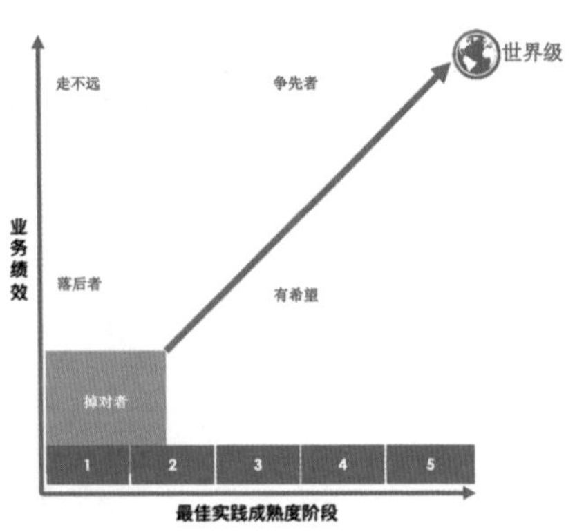

MNWCO2.0——实践—绩效的矩阵，可持续的绩效必须有可持续的最佳实践支撑

事实上，真正全面而深入的可持续发展的成就、影响力和文化变革并不仅来自环境可持续这一个模块，它是整个组织走向世界级运营的协同效应；此外，如能在价值链协同上同样努力，将会一起让组织走向策略的更高阶段。从2017年至今，蒙牛GOAL体系培养了上百名新兴的具有世界级运营理念的促进者和老师，为整个行业的环境可持续发展培养和输送了人才。

案例 | 曾经的蒙牛人，如今的乳业新生可持续发展力量

杨光，2010年加入蒙牛；2017年开启世界级运营之旅；2019年离职加入新希望白帝乳业，担任生产经理

大家好！我是一名蒙牛培养出来的乳业人，也曾是世界级运营体系内的内训师、本地促进者。我认为可持续发展不是一个“高大上”的名词，它是我们日常的制造过程中的每一个动作。在日常工作中，无处不是能源和资源的消耗，而大多这些消耗都是碳排的过程。精益生产，也是要减少浪费损失、寻找可回收和再利用的空间、减少碳排放，这些恰恰都是我们环境可持续的重要部分，所以说“它”是日常工作的点点滴滴，并不是“高大上”的虚无缥缈的名词。作为普通的个体，我也从这些节能减排中受益良多，它不仅给我们带来一定的经济效益，同时也使我积累了宝贵的可持续发展实战经验。

就在昨天，女儿问我：爸爸，为什么垃圾桶有不同的颜色？每个垃圾桶都代表什么意思？我查找她们可以看得懂的动画片认真地给女儿上了一堂垃圾分类课。我说你身上穿的豹纹羽绒服就是可回收物再利用，这就是循环经济。什么是可持续发展？也在生活的点点滴滴。教育可持续发展的理念需要从娃娃抓起、从小事抓起。感谢蒙牛世界级运营之路，感谢可持续发展的启蒙。

可持续的领导力获得利益相关方的高度评价

领导力是动员群众、解决难题。如果说 17 个可持续发展目标 SDGs 是解决世界难题的金钥匙，提供了一条切实可行的行动规划路径，那愿我们能在整个生态圈里，动员起更多的群众全员参与真实心意、身体力行的可持续生活方式，改进一切、人尽其才，成为 17 个可持续发展目标 SDGs 的目标守护者。

利益相关方评价

马鞍山工厂员工何燕平：要与利益相关方一起，共同营造走出“私人”领地迈向“社会和环境公地”的氛围，通过一线员工深度参与，取得了自然之友、仁渡海洋、零废弃联盟、支付宝蚂蚁森林、中国生态志愿者网等分别颁发的群众荣誉证书，以及受邀可持续水联盟、中华环保联合会绿普惠分会、丹麦大使等做企业分享，传递正能量。群众的力量是无穷大的，相信全民参与是最有效的可持续发展之道。

天津工厂员工魏瑞：湿地打卡让我们的工作和生活增加了不一样的色彩。没有参与此类活动前，总有很多借口拒绝，但通过自然之友和蔚蓝地图组织的湿地打卡以及参与相关环保活动，给予我和我的家人新的认识，能够全家一起寻找共同的快乐，让我们更深入地了解大自然的变化，同时让更多人借助网络的力量曝光不雅行为后得到重视和关注。

沈阳工厂厂长郭永利：随着近两年亲身参与推动的部分活动——“净滩行动”“蚂蚁森林线上植树”“废弃物管理”“保护河道”“光盘行动”“零饥饿直播课”等，都让我对可持续发展和工作有了重新的认识。这让我想到了公司近几年开展的 WCO2.0 五阶段的相关内容讲的也是企业和生活的可持续。个人认为现阶段可持续发展的推动时不我待。结合我近期学习的相关见解，未来可持续发展的推动核心之一也不可忽视对可持续发展的全员教育。

焦作和清远工厂员工刘波霞和钱玉宏：我们河滩净滩现场捡拾了好多的尿不湿和湿巾，以前真不知道看似干净的河堤其实有这么多的垃圾。这些被使用者随手丢弃的杂物就成为了环境中的不可控垃圾，很多年难以降解。我们现在非常注意减少这部分一次性用具的采购，出门五件宝，从源头减少废弃物的影响。

南京百蝶缘生态发展中心干事半夏：我们百蝶缘和蒙牛已经合作多次，其中包括两次长期的线上可持续未来训练营。在两个营期内，来自全国各地的蒙牛小伙伴们一起学习打卡讨论，用行动迎接可持续未来。有的和家人一同参与了我们的学习（尤其是孩子们），并且用全家的行动证明了可持续未来是可以通过每个人的努力而得到改变的。这也让我看到我们社会组织和企业合作的又一种可能，我们提供专业有趣的内容与服务，企业拥有更强的号召力和宣传能力，这是一个双赢的事业。期待更多企业能够像蒙牛一样和公益组织产生更多的联结。

CCi 竞能国际中国区副总裁 Graeme: 蒙牛团队为实现环境可持续性所做的努力让我深受鼓舞。从高层领导到一线团队领导对每一个项目都拥有所有权和自豪感。每个项目（小的或大的）都有助于为可持续发展之旅做出贡献。我能感觉到，这一改进之旅对个人和公司都意义重大。蒙牛的持续改进文化以及组织内部正在建立的能力正在得到良好的培育，以推动我们星球的这一关键转变。

未来展望

在公司发展的不同阶段，蒙牛会遇到不同的挑战。在可持续发展上，从风险管理（合规思维）到流程建设（持续合规和改善思维），到产品和市场，再到品牌 / 文化和商务环境，是一个不断成熟的过程，也是不断地将可持续性转换为真正的价值，成为一种良性竞争的优势的过程。

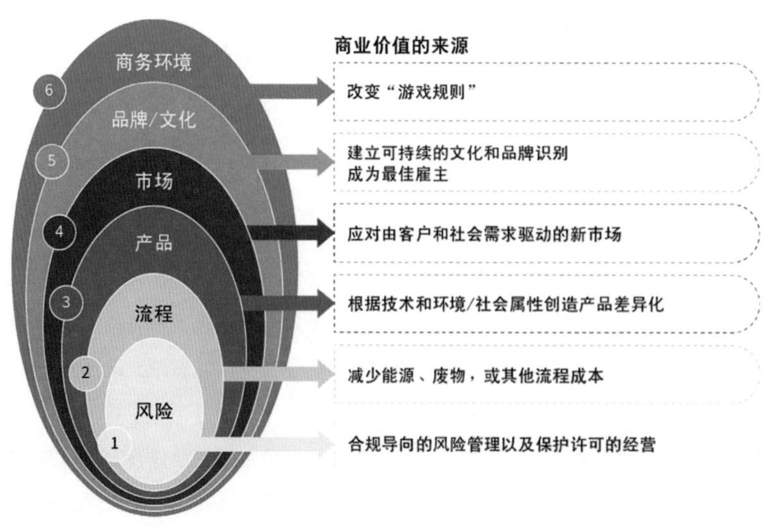

战略重点的各个层级

资料来源：Chris Laszlo, Sustainable Value, 2008。

跟着 MNWCO2.0 各个阶段的发展，管理者及员工的思维在不断成熟。二阶段，更多的是效率和风险思维，四五阶段则更多为师法自然、生态思维，商业企业作为一个高效的组织也会不断进步。如果能培育更大的生命系统，这样的组织会是自然、社会、市场的一部分，因为它更深刻地了解所有生命之间的内在联系。

三、专家点评

蒙牛集团《让可持续发展成为我们的工作和生活方式》面向 SDG 的中国行动，将企业管理体系、战略规划、核心业务以及价值链上的利益相关方和实质性议题与可持续发展高度融合，多维度对标联合国可持续发展目标，通过倡导“绿色运营与生活”，实现“守护人类和地球共同健康”的愿景，以新理念、新视野、新格局推动经济、社会和环境的全面和谐发展。

蒙牛集团充分发挥自身管理、技术、专业、产品、服务等方面的优势，参与社会治理，解决社会问题，逐步完善可持续发展体系，打通“堵点”、解决“难点”、消除“痛点”，分享可持续发展经验，拓展可持续发展路径。

实现联合国可持续发展目标，中国行动一直在努力奋斗的路上。希望蒙牛集团用实际行动不断强化绿色发展理念，积极践行企业社会责任，推进企业高质量地可持续创新发展。

——中国社会工作联合会企业公民委员会副会长兼总干事 张少平

企业不仅要关注经济效益，也要关注社会效益，很高兴看到蒙牛将环境可持续性作为企业的一个经营目标。不仅如此，蒙牛发展出一套系统，全方位地推动落实，我们可以看到上到公司高级管理人员，下到普通员工，都在自己的工作生活中实践环境可持续发展理念，并通过他们将可持续的理念传递到更多的人群，实现人类和地球共同健康的愿景。

——清华大学副校长 郑力

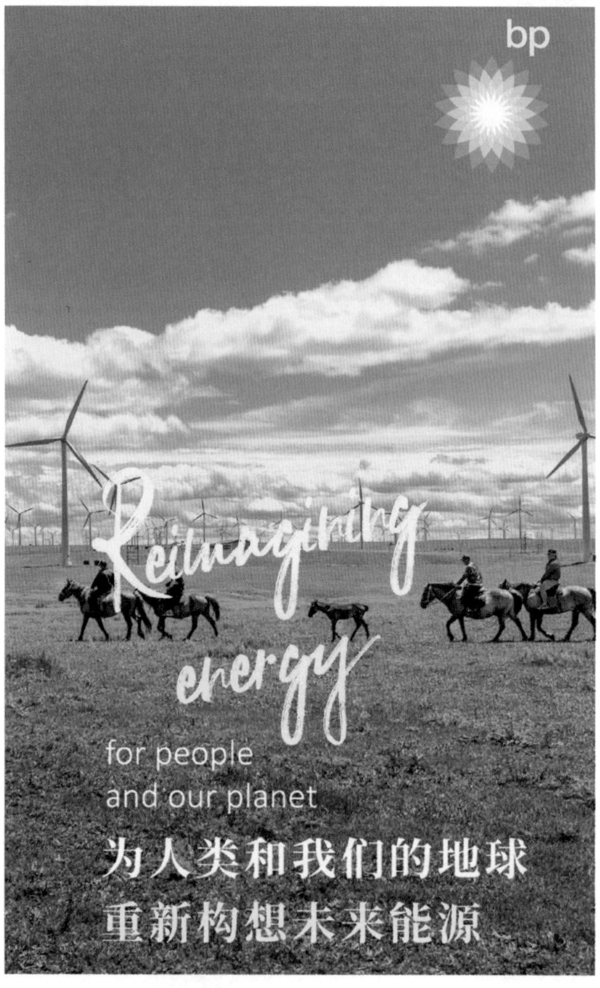

bp 的“净零”远景与战略

2020 年 2 月 13 日，bp 壮志满怀，提出到 2050 年实现“净零”的全新远景，宣布将致力于到 2050 年或之前，不仅实现集团的“净零”目标，更将助力世界向零排放的目标迈进。这一全新远景由十大目标与举措所构成。

2020 年 8 月 4 日，bp 发布旨在实现“净零”远景的十年战略，将重塑其业务，从一家国际石油公司转变为综合能源公司。计划在 10 年内每年在低碳领域投资约 50 亿美元，10 倍于现今的年度低碳投资数额，以构建低碳技术的一体化业务组合。

2020 年 9 月 14 日，《bp 世界能源展望》（2020 年版）（以下简称《展望》）发布，探讨了全球能源转型的可能路径，未来 30 年全球能源市场可能的演变方式，以及会对其产生影响的主要不确定因素。今年的报告展望到 2050 年，比之前的版本更进 10 年，聚焦三个主要情景。

bp

戴尔：创新驱动绿色供应链管理

戴尔承诺：2030 年，针对客户所购买的每一个产品，我们将再利用或回收一个与之相当的产品；我们的全部包装将使用回收的或可再生材料制成；我们超过一半的产品将使用回收的或可再生材料制成。绿色供应链是其中关键的一环。

戴尔依靠绿色供应链标准为支撑，以资源节约、环境友好为导向，计划应用物联网、大数据和云计算等新一代信息技术，全面打造集采购、生产、营销、回收及物流于一体的综合性供应链体系，将设计、供应、制造和服务环节协同优化，最终达到集团经济活动与环境保护、节能减排协调发展的目的。

在具体实践中，戴尔不仅采取强化供应链的准入、定期的业绩评估等举措，也通过将回收产品的塑料应用到新产品开发、支持供应商节能减排以及废弃物分类并实施零填埋项目，在供应链内部实现闭环塑料供应链的绿色转型，更推动供应商公开污染物数据，加强公众沟通与公众监督。

2019 年，戴尔入选工信部绿色供应链管理示范企业名单，并在公众环境研究中心绿色供应链 CITI 指数当中排名第一。截至目前，戴尔已经帮 300 多家工厂的 1000 多位可持续发展的管理人员进行了培训，重点可持续发展的问题改善率达到了 95%。

DELL Technologies
戴 尔 科 技 集 团

E20 环境平台：打造一把让垃圾分类落地生根的“金钥匙”

作为首批国家可持续发展议程创新示范区，太原市将垃圾分类作为深入实施可持续发展战略的重要举措。为响应这一战略，E20 环境平台基于全面深入的调研，探索出了具有太原特色的“4+2”垃圾分类模式。

E20 环境平台首先聚焦“关键少数”，开展广泛的教育引导工作，培训 7000 余人，影响人数超过 10 万，实现覆盖率和知晓率两个“100%”；同时，抓住关键环节，针对前端分类研制了“化繁为简”的 5 分钟智慧管控系统，推动太原绝大部分小区都安装上“e+ 起分”智慧管控系统，让垃圾分类不费劲；最后，打通以厨余垃圾精分为核心的关键路径，找到一条“财力可承受，百姓可接受，运营可持续”的垃圾分类方法论和系统解决方案。

E20 环境平台坚持以人民为中心，立足当地、放眼全国、因地制宜、科学求实的态度，从理论指导、制度规范、关键节点、管控平台、关键少数五个维度“打造”出一把让太原垃圾分类落地生根的“金钥匙”，让人民群众更好地享受绿色带来的诗意生活，再现锦绣太原城盛景。

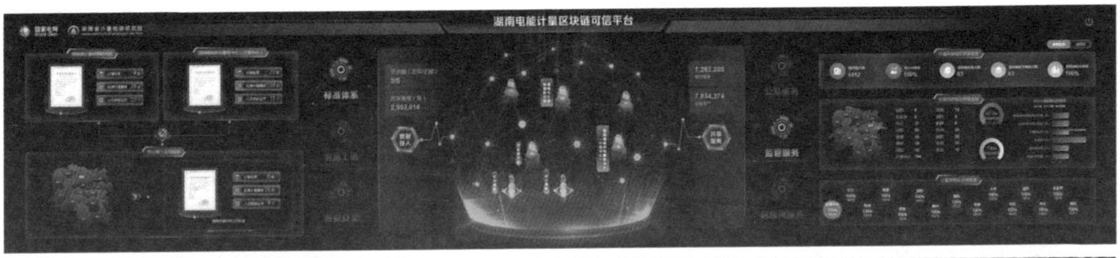

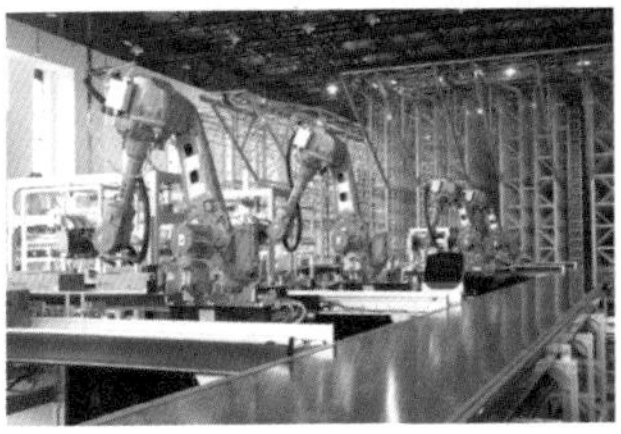

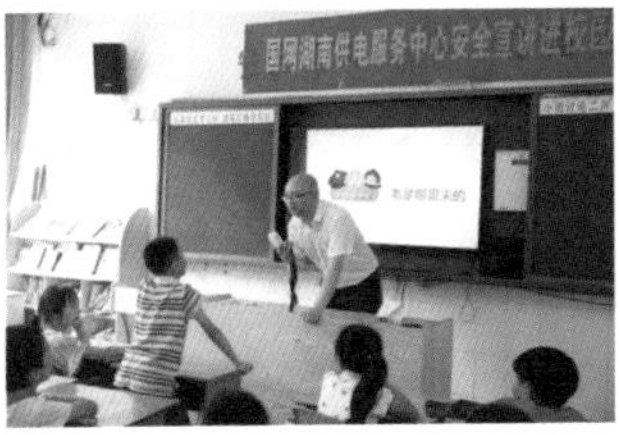

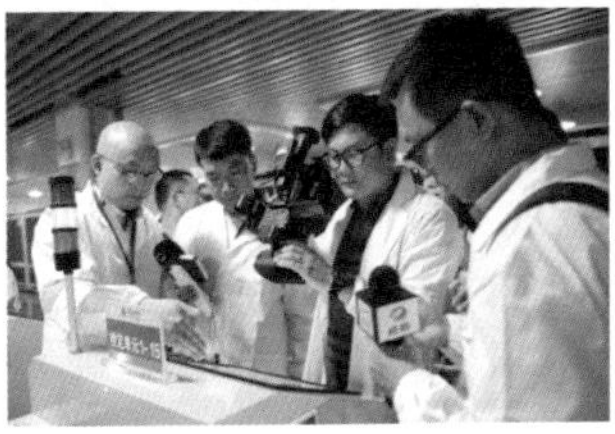

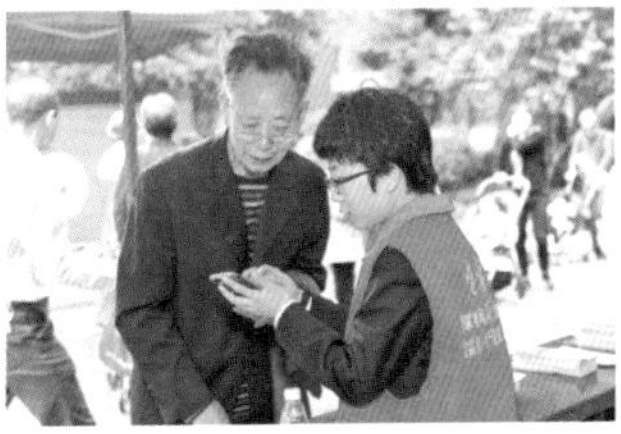

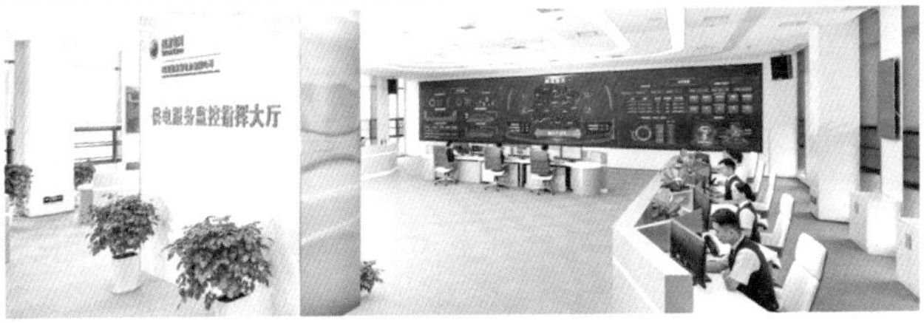

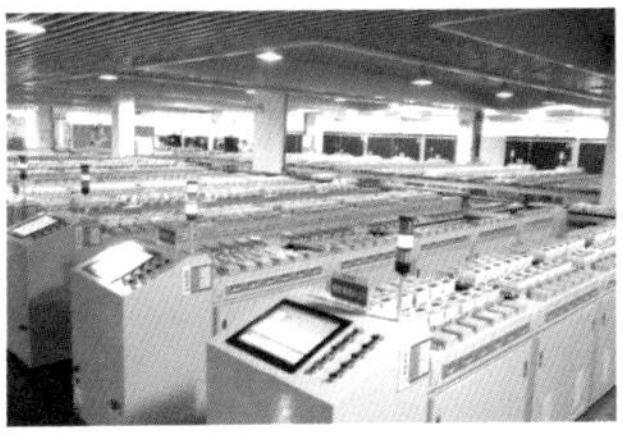

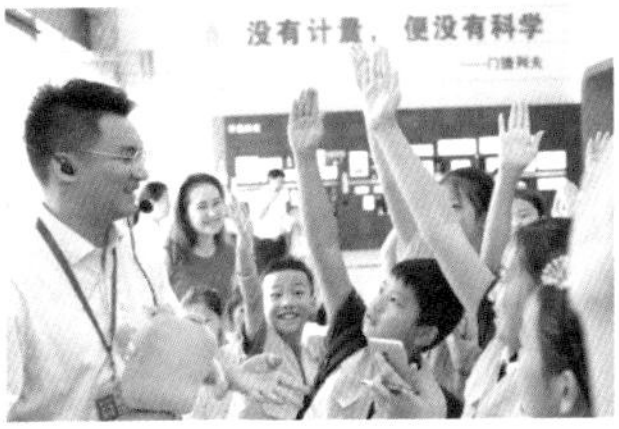

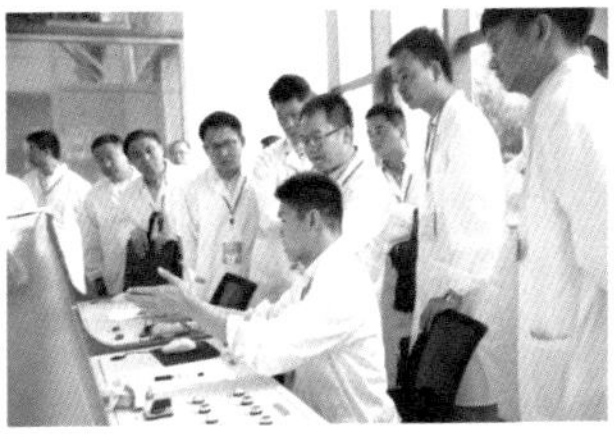

国网湖南电力：智能电表的"透明服务"管理

随着智能电表的普及，关于智能电表跑得快、计量不精准等质疑时有发生。为此，国网湖南电力创新开展智能电表的"透明服务"管理。

国网湖南电力系统识别智能电表生产、采购、检定及运行各个环节的利益相关方，从信息披露"三层次"（必须透明、应该透明、自愿透明）和利益相关方"三权"（知情权、参与权、监督权）管理两个维度出发，明确各类利益相关方希望或者需要了解的信息和可以通过什么方式（知情、参与或者监督）参与进来，并策划具体工作引导各类利益相关方参与管理，通过基于区块链技术建设连接政府、电网企业、供应商和用电客户的计量可信平台，邀请政府驻点监督，建立《质量分析年报》机制，邀请利益相关方"走进来"，与湖南卫视联合策划《新闻大求真》节目等一系列活动，有效化解了公众对智能电表的误解，拉近了与利益相关方之间的距离，让"公平公正、科学准确"的品牌形象逐渐深入人心，也为公平计量的社会环境建设贡献了坚实的电力力量。

国网湖州供电："生态 + 电力"赋能城市绿色发展

湖州位于浙江北部，太湖南岸，是全国首个地市级生态文明先行示范区。2005 年，习近平总书记首次在湖州提出"绿水青山就是金山银山"的重要理念。

国网湖州供电公司针对各行业能源利用绿色化水平不平衡不充分问题，协同政府、金融机构、电力设备制造业、交通运输业、个体商户等各方构建覆盖全社会的"生态 + 电力"平台，打造绿色岸电、全电物流、电动公交、全电景区等示范项目，创新构建全产业链共赢商业模式，提升利益相关方行动意愿。随着行动深入推进，供电公司替代电量大幅增长，利益相关方生产生活成本有效降低，得到了各级领导和国内外媒体的高度评价，清洁能源占能源终端消费比显著提升，节能减排成效显著，推进了全社会能源消费绿色转型。

国网南京供电公司：创新“共享基站”模式，加速5G建设

5G技术作为目前通信领域最前沿的技术，是产业变革和智能互联的基础和支撑。进一步加快5G基站建设，推动5G网络应用发展是新基建之首。然而，5G基站站点建设面临着资源紧张、建设资金投入大、建设周期长、选址困难、耗电量大、运维成本高等一系列难题，制约着当前5G网络的快速部署。

面对瓶颈和挑战，国网南京供电公司将“共享”的理念引入城市基础设施建设，率先打破传统行业间资源壁垒，建立“共享基站”新模式。一方面利用电力杆塔部署基站，突破5G基站部署难题，挖掘新的业务增长点；另一方面利用社会资源，成功建成全球首个1.8G赫兹电力无线专网，以智能互联推动城市发展。

该创新解决方案，有效加速了5G新基建的落地，并带来了指数级经济社会环境综合价值的创造，包括大幅降低社会基础设施建设成本，减少公共设备对土地资源的占用，在电力和通信行业间形成资源共享模式，为建设节约型、绿色型社会做出了积极贡献，有效推动了“网络强国”战略落地等。据悉，该模式得到了多方的高度认可，已经在全国开展大规模推广。

瀚蓝：化解邻避效应，破解固废围城

垃圾围城已成为全球性问题，对应的环保处理设施却常常因为信任危机难以落地。

广东佛山有一家垃圾焚烧发电厂，曾经遭到各界的联合反对，市民集体上访，媒体口诛笔伐，电厂进入环保部黑名单，几乎要被关停。

2006 年，瀚蓝环境接手后，开启了艰难的信任重塑，打造了今天“化解邻避”全国示范的“瀚蓝模式”。

(1) 坚持长期主义，长期地投入解决社会和行业的痛点。经过 10 多年的不懈努力，瀚蓝首创生活垃圾从源头到终端的全链条处理及园区内各项目协同处理模式，实现了社会综合成本最小化和社会价值最大化。

(2) 用户思维，在满足功能性需求的同时，满足客户情感体验要求。项目外观设计去工业化融入社区，产业园成为网红打卡地。

(3) 坦诚开放。瀚蓝实行开放、透明化管理，自觉接受社会监督，是全国最早向公众开放的垃圾焚烧发电厂。在公众环境研究中心全球企业信息公开工作排名中，瀚蓝位居环保行业第一。

(4) 把反对者变成同盟军。瀚蓝与周边高校师生、居民建立起了深厚友谊，形成了稳固的“邻亲”“邻利”的局面。

如今，瀚蓝模式得到了《人民日报》、住建部、中宣部等的认可，在全国各地复制，我们期待，有一天无废城市的梦想成真。

蒙牛：GOAL 体系让可持续发展成为工作方式和生活方式

GOAL——Green Operation and Life，是蒙牛集团在可持续发展体系构建过程中提出的一个理念，意指蒙牛将通过倡导“绿色运营与生活”，实现“守护人类和地球共同健康”的愿景。2019 年，蒙牛集团低温事业部成立了 GOAL 团队，通过引入环境可持续知识模块，建立起 GOAL 体系，将传播这份“绿色理念”作为工作目标，通过制度与实践的深度融合，促使低温事业部的每位员工都真心实意地成为绿色公民和环保使者，在工作和生活中身体力行，在供应链端和个人生活端产生绿色影响。

GOAL 体系基于蒙牛的 MNWCO2.0 ES 知识体系和评价体系，分成 5 个等级（漠不关心、合规与启蒙、承诺、创新、领导力）和 9 个方面（战略与架构、风险与机遇管理、测量监测与汇报、能源与温室气体、水资源、废弃物、空气污染与关注物质、利益相关者的参与、学习与发展），再拓展到 8 个子模块（人与自然、绿水青山就是金山银山、可再生农业、水、气候变化和能源、废弃物、空气污染与受关注物质、生态经济）。在实践 GOAL 理念的过程中，蒙牛低温事业部的每一个工厂都开展了健康评审，通过先识别再改进的方法，集合每一位员工的智慧与力量，逐步改进一切与绿色理念不符的经营环节和生活方式，将绿色点滴融入运营与生活。

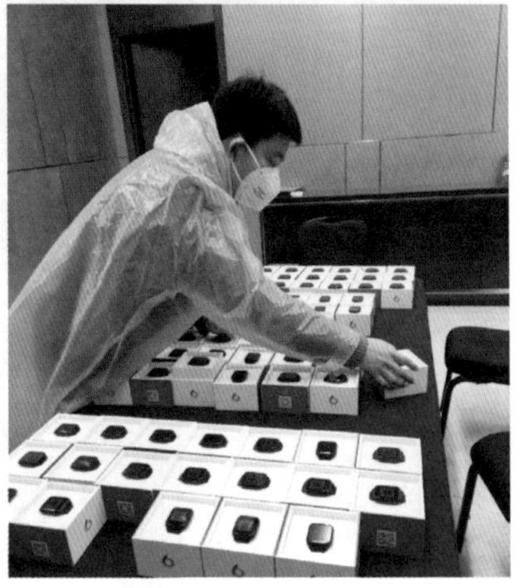

全景智联:物联网科技护航方舱医院

自新冠肺炎疫情大面积暴发以来,党中央一直高度重视疫情的科学防治、精准施策工作。为积极响应武汉市东湖高新区政府对新型冠状病毒防治工作的要求,全景智联克服疫情期间各种困难,日夜奋战,48 小时内成功上线了方舱智联管理系统。

该系统基于物联网智慧感知终端,主要实现对方舱医院内的病患信息及区域定位管理。

包括按时间、区域对位置及移动轨迹的实时监控、轨迹回放、越界告警等,做到方舱医院内人员可管、可控,提高管理效率。

智慧方舱管理平台由床位二维码、人员信息管理、移动端软件、蓝牙信标、定位防拆手环、定位服务器、地图引擎服务器、管理后台服务器几大部分组成。其中蓝牙信标采用高性能、低功耗的核心定位芯片,定位精度可达 1~3 米;服务器均采用可扩展的集群式设计,支持多点位、多机房布点,具备故障检测、故障转移、服务热备份、IDC 级容灾备份的能力,能够支撑百万级别的定位请求与用户扩展能力。

系统在光谷科技会展中心方舱医院和日海方舱医院成功上线并正常投入使用后,帮助医院工作人员快速准确汇总了患者的病情信息,实现了病患快速匹配查找,提高了救治效率。

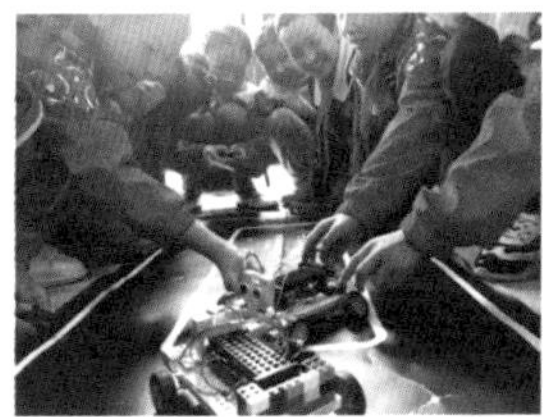

“日产筑梦课堂”：将孩子们的创新梦融入汽车科技

日产（中国）于2013年携手中国联合国教科文组织协会、中国国际贸易促进委员会汽车行业分会共同创立“日产筑梦课堂”项目。项目结合全球最先进的STEAM※教育理念，集科学、技术、工程、艺术、数学多领域相关知识于一身，相继开设了汽车文化、汽车制造、汽车环保、汽车喷绘、汽车设计、汽车驾控、智能汽车驾控在内的7个领域的19个课程，综合培养学生的跨学科思维创新能力、团队协作及领导力，鼓励学生实现自我驱动探究式学习，促进青少年的全面发展。

项目开展区域不但覆盖了北京、上海、广东、湖北、四川、河南、陕西等东南沿海及中西部区域，同时还积极对接国家“一带一路”政策发展，重点覆盖了云南、甘肃、广西等“一带一路”沿线重点区域，在700余所学校开展，累计受益学生即将达到100万。秉承“兼顾教育多样和平等性”的原则，2016年“日产筑梦课堂”正式引入了远程线上教育系统，使更多的偏远地区的学生也能和城市的学生一样，学习到更丰富的知识。

到2022年，“日产筑梦课堂”项目计划将扩展到更多地区和学校，使得累计受益学生人数达到200万人。

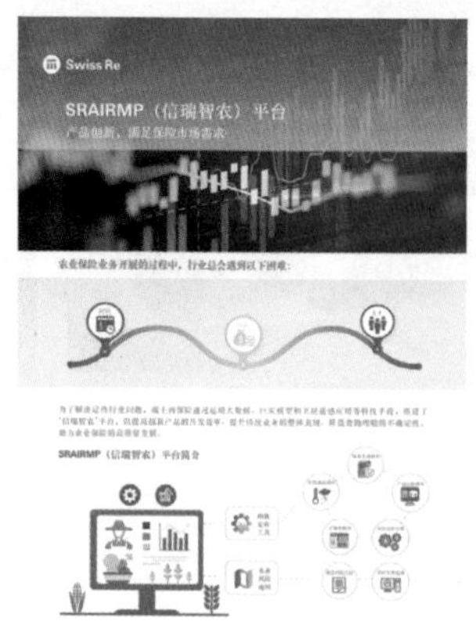

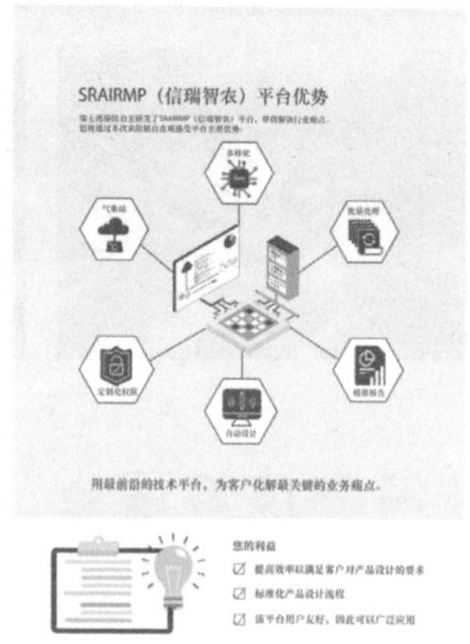

瑞士再保险：“信瑞智农”赋能农业保险产品创新与风险管理

传统农业保险存在的道德风险、逆向选择、保险费率厘定难等难题，阻碍了农业保险发展。瑞士再保险股份有限公司北京分公司通过运用大数据、巨灾模型和卫星遥感应用等科技手段，自主研发了信瑞智农智能农业风险管理平台 。 该平台以遥感、气象、农情和农业损失等农业大数据为基础，实现天气指数产品的自动化开发与实时赔付计算，同时提供农业风险地图，为各级政府、保险公司及农户主动制定农业灾害风险管理机制和灾害预防提供了有效的量化指标。平台利用相关气象数据，计算出预期赔付率，自动生成保险产品优化建议，并支持实时赔付计算，提高了农险天气指数产品开发效率、提升农业生产风险管理能力、支持农险创新业务高质量发展，缩小中国保障缺口，提升社会韧性。

施耐德电气碧播职业教育计划：技能点亮人生

“碧播”源于BipBop——Business、Innovation、People、Bottom of the Pyramid，是施耐德电气自2016年发起的公益项目。5年来，“碧播计划”在全国的合作院校已达77所，约600位教师参与培训，受益学生超过6万名，覆盖电气及能源管理、智能照明及楼宇自动化、工业自动化和智能制造等多个领域，成功为产业发展输送了大量人才资源，为行业的发展壮大贡献了积极力量。在合作的过程中，施耐德电气充分发挥企业的优势，调动全球资源，与学校“共建、共创、共育、共享”，从课程及实训基地建设、人才和师资培养、学生就业引导等多个层次，探索高效的协同育人模式。

2019年12月，智慧城市能效管理应用人才培养和研究中心在北京工业职业技术学院正式成立。这是首个中法合作高级培训中心，中心将充分借鉴“碧播计划”的实践与经验，成为施耐德电气助力中国深耕智慧城市领域人才培养的又一重要阵地。

未来，“碧播计划”继续前行，愿与志同道合的朋友们，共同创新、投资于人！

Life Is On | Schneider Electric 施耐德电气

无限极（中国）：教育赋能，改变困境少年的命运

“思利及人助学圆梦”是无限极（中国）有限公司通过思利及人公益基金会于 2013 年发起的公益项目，旨在资助职业院校的困难学生完成大学期间的学业，为社会培养健康行业的人才，为行业的发展壮大贡献一分力量。

截至 2020 年 12 月，“助学圆梦”在全国的合作院校达 33 所，开设了 36 个助学圆梦班，覆盖护理、中药学、临床医学、老年服务与管理等大健康领域的专业。

项目坚持“创新”“融合”“自助”“传承”“贡献”，从专业选择上优先考虑社会急需岗位行业、大健康相关行业，公益模式与社会资源融合，传授中华优秀价值观、养生文化，受助者与社会融合，让受助者为社会作出贡献。7 年来，助学圆梦项目共资助 1362 名高职院校的学生，目前 949 名学生已经完成学业，顺利就业或通过专升本。

未来，“思利及人助学圆梦”项目将继续前行，让困境少年都能接受大学的教育，通过教育改变命运。

中广核与自然和谐共生之道

自然支持人类的繁荣的同时，承受着不可持续的消耗与破坏。中广核探索“清洁能源发展与自然和谐共生的解决方案”，将自然资本理念与评估方法应用到企业清洁能源发展中，有效管理对自然资本的影响与依赖，减少了生产运营对生物的扰动、提升了社区抵御自然灾害的能力。

通过采用《自然资本议定书》的标准框架开展基于自然资本的企业生物多样性影响量化评估，与国内外智库、高校深入合作，在中、英、法三国四个试点进行自然资本评估。

核算结果显示：大亚湾核电基地生产运营为社会带来 4627 亿元净效益，以减少温室气体排放和社区福祉与科普教育效益最为可观；磨豆山风电场共为自然环境中所有生物和非生物资源创造效益共计 7.74 亿元，以应对气候变化、减少大气污染、科普和旅游价值等最为可观。

巴厘岛海底“植树造林”共建海洋“华电蓝”

巴厘岛北部沿岸的珊瑚礁白化问题危及海洋生物和沿海生态系统。为改善这一状况，自 2019 年以来，华电巴厘岛电厂不仅联合印度尼西亚当地环保机构共同成立了珊瑚研究及恢复中心，还携手中国科研团队在电厂附近海域进行了珊瑚野放活动。

一方面，珊瑚研究及恢复中心利用珊瑚碎片培育形成菌落，加大种植后生存概率，将可供移植的小型珊瑚进行保护储备，并将经过研究改良后的技术用于建立珊瑚农场。另一方面，华电协调中国科学院专家团队，对巴厘岛北部沿岸水下环境进行了观测和分析，应对珊瑚礁恢复的可能性进行信息分析，制定出了解决方案：把经过人工繁殖和选育的珊瑚幼苗移植到曾有珊瑚生长，然后移植到已被破坏的天然礁盘上，实现修复珊瑚礁。

截至目前，华电已投放 500 个珊瑚幼苗，覆盖约 200 平方米的天然礁盘，增加了珊瑚的目标覆盖率以及珊瑚物种总数，提高了公众对珊瑚礁生态系统的重视，也消除了当地民众对燃煤电厂的误解，由此培育和衍生的旅游业将为当地居民提供更多的工作机会，为海外电厂生态保护行动开创了新的思路。

中国华电集团有限公司
CHINA HUADIAN CORPORATION LTD.

首届“金钥匙——面向 SDG 的中国行动”概览

人人惠享

中通快递股份有限公司

快递进村，农产品进城——架起城乡互通高速路

着眼于提升农村居民消费品质，破解农产品销售渠道不畅的难题，中通快递加速快递业务“下沉”，推进“快递进村”工程，推进产销对接、推广农商互联，打通农产品进城、工业品下乡双向流通渠道，提高农村消费便利化水平、降低农村消费成本，让更多的农产品价格卖得更高，距离卖得更远，双向激活农村市场，助力乡村振兴。

星巴克企业管理（中国）有限公司

“最安静星巴克”打开融合就业之门

残障人士的融合就业面临相关服务体系薄弱、专业化程度低等难题。星巴克打造“多元融合”的手语门店，定制培训，通过听障与普通咖啡师共同为顾客服务的全新尝试，为残障群体创造更多平等交流和自我展示的机会，为不同社群营造多元、平等、融合的社区氛围，并积极探索在零售等社会服务行业推广融合就业的最佳模式。

ESSILOR
依 视 路 集 团

依视路中国

多元伙伴参与，护卫青少年视力健康

中国青少年儿童视力健康问题的加速恶化，引发政府、社会、家长的普遍关注和忧虑。依视路通过创新科技和产品，创新生态和共赢，创新教育和认知，联合产、学、研以及政府等各方力量，建立青少年近视防控生态圈，共同呵护孩子的眼睛，让他们拥有一个光明的未来。

广东开太平信息科技有限责任公司

赋能建筑劳务产业，助力农民工就业

数量庞大的建筑农民工的非正式就业问题与“消除贫困”“体面工作和经济增长”的 SDG 目标密切相关。建信开太平创建中国建筑农民工普惠金融数据库，研究制定建筑产业工人标准，连接政府部门、建筑企业、金融机构、公益机构和建筑农民工，创造一个多方参与解决建筑农民工正式就业的交流合作平台，推动劳务生态的改善。

VISA

维萨信息系统（上海）有限公司

搭上冬奥快车——“冬奥有她”助女性小微企业主抓住商机

为帮助北京 2022 年冬奥会和冬残奥会赛事举办地的小微企业抓住机遇，Visa 发起“冬奥有她”项目，通过赋能京津冀地区体育、旅游与文化产业的女性小微企业，提供实用的商业技能、数字化的工具，企业发展金以及国际推广平台，提升其对接奥运机遇的内在能力与外部资源，为奥运主办城市的包容与可持续发展贡献价值。

中国石化 SINOPEC

中国石油化工集团有限公司

流动的“健康快车”，持续的光明使者

从 2007 年开始，“中国石化光明号”健康快车这座流动的眼科火车医院，已为超过 4.6 万名贫困白内障患者送去了光明。作为国家防盲治盲重要项目，通过捐建白内障治疗中心、培训医生、捐助医疗设备等方式，还为当地留下了“开不走的健康快车”。项目同时通过明星力量扩大社会效应，持续创新引领央企社会责任沟通机制。

中国石化 SINOPEC

中国石油化工集团有限公司

加油站，爱心站

运用中国石化加油站综合服务商的对外窗口和平台，中国石化切中社会热点关注，服务关键需求人群，自 2013 年开展了“情暖驿站·满爱回家——关爱春节返乡务工人员”大型活动，让万千游子回家的路更有温度；为环卫工人等社会群体提供暖心服务，让他们在工作之余，有了“遮风挡雨”的“新家”。

康宝莱（中国）保健品有限公司

关爱城市美容师，增进“健康体面工作”

被誉为“城市美容师”的环卫工人，由于职业特殊性，面临健康、工作环境与获得社会认可和尊重的难题。2013 年开始，康宝莱结合自身的营养领域专长、网点分布、服务提供商网络，从日常的“营养补给”“安全作业”支持到“公众意识提升”，持续关爱城市美容师，促进他们获得“体面工作”。

维萨信息系统（上海）有限公司

金融教育深入老区，促进普惠金融发展

公民金融素养的提升是社会可持续发展的重要议题。Visa 深入革命老区开展普惠金融教育，通过能力建设与校园金融知识普及项目，提高地方涉农干部和金融从业者的金融能力和对普惠金融的认识，提升当地青少年学习金融知识的兴趣和金融素养，并通过普惠金融教育支持革命老区金融扶贫的发展。

乐高集团

守护每一个孩子的玩乐权利

每一个孩子都应当拥有玩乐的权利。乐高集团竭力守护他们的权利，为乡村留守儿童、城市流动儿童、病患残疾儿童等不同困境儿童群体提供创意玩乐的体验，同时为教师、社工及家长提供相关培训，让更多需要帮助的儿童获得高质量的在玩乐中学习的机会和资源，从中获得受益终身的能力和综合发展。

消除贫困

中国五矿集团有限公司

把农产品放进“保险箱”——五矿打造“保险 + 期货”扶贫模式

中国五矿充分利用自身金融业务牌照齐全的优势，开创“保险 + 期货”精准扶贫模式，有效利用期货市场的价格发现和风险对冲功能，来完善传统的保险机制。此举不但增强了农民种植的内生动力，盘活农业生产要素，还有效激活当地造血机制，为多个省份贫困种养殖户送去了“定心丸”，创新实现利用期货衍生工具高效助力脱贫攻坚。

中粮集团有限公司

以市场化机制打造产业扶贫的“绥滨模式”

针对黑龙江省绥滨县粮食质优价低、供需失衡、农民增收无保障等矛盾困难，中粮集团联手当地政府等共同出资 7000 万元，组建产业龙头企业，引导农户、合作社与中粮集团建立以股权为纽带的利益共同体，依托中粮主导的水稻全产业链条解决市场销售瓶颈，并通过订单农业和按股份分配机制，打造了产业可持续发展的生态链。

中国移动通信集团
四川有限公司

再见“悬崖村”——四川移动助凉山贫困村打赢脱贫攻坚战

坐落于“三区三州”深度贫困地区的凉山州阿土列尔村是一个典型的“悬崖村”，出行极度不便、脱贫难度极大。五年来，四川移动从网络、经济、教育、医疗、宣传沟通五个方面，相继发力、相互借力，为阿土列尔村打通通信障碍，将昔日“悬崖村”打造成今日信息化示范村，有效推动了“悬崖村”从封闭落后到脱贫发展的跨越式转变。

FOSUN 复星

上海复星高科技（集团）有限公司
上海复星公益基金会

健康暖心——乡村医生健康扶贫项目

贫困群众基本医疗保障是精准扶贫薄弱环节，培养并留住合格乡村医生，就能减少因病致贫、因病返贫风险。复星集团系统开展村医培训、保险赠送、慢病签约管理奖励、优秀村医评选、村民大病救助及智慧卫生室升级等系列措施，并创建“未来诊室”，引入互联网、AI 和大数据等先进技术，构建起基层农村健康守护网络。

中国移动通信集团有限公司

“网络 +”扶贫模式，打造美好数字生活

中国移动积极发挥网络和信息化优势，创新实践基于“1+3+X”体系框架的“网络 +”扶贫模式，以网络扶贫为主线，强化组织、资金和人才保障，将网络与教育、文化、健康、消费、产业、就业、民生、党团等多个扶贫领域结合，为老百姓提供用得上、用得起、用得好的信息服务，让亿万人民在共享互联网发展成果上有更多获得感。

中国五矿集团有限公司
CHINA MINMETALS CORPORATION

中国五矿集团有限公司

打造“小而美”示范基地，助力苗家儿女脱贫致富

为助力湘西土家族苗族自治州精准脱贫，中国五矿创新打造“央企出资 + 农村合作社运营 + 带动建档立卡户收益 + 企业购买产品带动销售 + 明确收益分配培育企业内生动力”产业扶贫模式，一个个“小而美”的基地项目从风险可控、对资金负责出发，发挥带动作用，让周边卡户增收脱贫、连点成面，形成了广泛的带动和辐射作用。

VISA

维萨信息系统（上海）有限公司

送金融教育给千万农村居民——Visa 普惠金融助力精准扶贫

贫困地区群众难以将金融优惠政策与现实需求结合，影响了金融扶贫效果。Visa 携手中国合作伙伴通过开展“金惠工程”项目，面向农牧民、农村中小学生普及金融知识，面向乡镇领导干部、农村金融机构从业者开展能力建设，同时赋能供给端和需求端，系统推进片区普惠金融发展水平，使千万余的农村居民获得了金融知识普及教育和培训。

中建裝飾

中国建筑装饰集团有限公司

养成文明好习惯，村民有了精气神——中建装饰扶贫扶志显实效

解决贫困问题不仅需要物质脱贫，还需要贫困群众有开始新生活的精气神。中建装饰在杨家河村从改善当地村民文明习惯和精神面貌入手，精细化打造一整套文明习惯养成计划，以“荣誉积分榜”为抓手，从十大方面进行细化评分，并帮助上榜村民实现“微心愿”，从而督促、激励当地村民主动改变生活陋习，从物质到精神，奔向新生活。

厦门航空有限公司

飞跃茶海 航向小康 ——“厦航农庄”可持续助农实践

福建宁德地区优质农产品缺乏稳定销售渠道和有影响力的品牌，为破解当地可持续脱贫与致富难题，厦航与宁德市政府签署全面战略合作协议，在产业帮扶、旅游对接、品牌推广等领域开展合作，打造“厦航农庄”。首个项目携手知名茶企，打造茶叶品牌“云端品茗”，并稳定对接厦航“天际茶道”服务，让茶香飘云端、茶农润心间。

北京恒昌利通投资管理有限公司

打造国家地理标识农产品 订单农业助力精准脱贫

如何变公益扶贫行动“输血”为“造血”，需要创新扶贫模式。恒昌利通“精准扶贫 + 慈善公益”两轮驱动，响应政府号召，由企业提供资金、技术及销售支持，激发贫困群众脱贫内生动力；通过连续举办农民丰收节，打造酉阳国家地理标志产品“花田贡米”等优质品牌，推动贫困地区因地制宜培育脱贫主导产业，带动当地脱贫致富。

MARY KAY
玫 琳 凯

玫琳凯（中国）有限公司

玫琳凯：赋能女性，助力彝族村落实现乡村振兴

针对彝族村庄外普拉多年未脱贫的问题，玫琳凯开展联合国可持续发展目标示范村项目，持续开展基于当地文化和生态条件的各项培训，赋能女性。在激发妇女凝聚家庭以及整个乡村力量的同时，结合当地资源优势优化产业结构对标 SDGs，使当地妇女迸发出强烈的文化自信，积极参与家乡改造、开创幸福生活，成为万千女性的榜样。

赛得利集团

“利民鸡”助力社区脱贫致富

针对周边社区凰村乡全乡 2020 年还未脱贫的 218 户，赛得利（九江）通过与当地政府建立合作，打造“政府—企业—农户”合作模式，为其免费提供鸡苗，提供养殖技能培训，多维帮助贫困户掌握持续生计技能，并建立益起团网购平台协助销售，切实解决贫困户从养到销的“一揽子”问题，让农户养殖无顾虑、脱贫有干劲、致富可持续。

美好生活

中国南方航空集团有限公司

倡导“绿色飞行”，减少“舌尖上的浪费”

南航一直以来高度重视企业社会责任，通过创新产品和服务模式，将绿色发展理念融入服务，贯穿在旅客出行的各个环节，不断提升环保意识。为响应国家生态文明建设号召，南航推出“绿色飞行”服务项目，鼓励旅客机上按需用餐，减少浪费，旅客如不需机上用餐（仅提供饮品），可获得南航额外给予的里程奖励。自 2019 年推出以来，截至 2020 年 12 月 31 日，南航已累计节约餐食近 120 万份，相当于节约了 570 吨粮食。

国家电网
STATE GRID
国网杭州供电公司
STATE GRID HANGZHOU POWER SUPPLY COMPANY

国网浙江省电力有限公司杭州供电公司

低碳入住计划：智慧电力支撑绿色酒店

针对酒店能耗监测能力不足、能源综合管理手段缺失等问题，国网杭州供电公司联合发起全国首个“旅游 + 电力”大数据服务项目——“低碳入住计划”，倡导酒店和消费者加入低碳行动，践行节能减排。杭州云栖客栈在国内首先完成了 115 个“低碳入住计划”智能电表改造，共有 3000 余名入住旅客扫码体验，关注度超过 60%，平均每月节省能耗 7.3%。

深圳地铁
SHENZHEN METRO

深圳市地铁集团有限公司

打造“1+365+N”志愿生态圈，传递城市温暖

为让地铁成为城市的温暖空间，深圳地铁集团发起成立全国首个轨道交通行业义工法人团体——深圳市地铁义工联合会，以“轨道 + 公益”的战略，以“服务地铁，温暖城市”为服务愿景，打造深圳地铁“1+365+N”志愿生态圈，通过小而美、小而优、小而实的点滴志愿服务，让深圳既有速度也有温度。目前模式已被青岛、南京等地铁复制推广。

北京新素代科技有限公司

光盘打卡全民公益行动

光盘打卡，是一个致力于减少食物浪费的手机应用。用户对餐后光盘拍照，经由 AI 智能识别后获得积分奖励；积分可以兑换优质好物，亦可捐赠给公益项目，由企业配捐善款。光盘打卡，让点滴爱心汇聚成海，让公益小事焕发大能量。截至 2020 年 11 月，累计用户 400 余万，累计打卡 3600 万次（相当于减少食物浪费 1400 吨、减少碳排放 5000 吨）。

北京公共交通控股(集团)有限公司

定制公交让出行更美好

为满足市民多样化出行需求，北京公交集团自 2013 年推出定制公交服务，今年针对疫情期间出行安全需求推出升级版，增加更多便利且人性化的功能，提供全面线上购票、线上核销机制、步行到站导航、线路收藏及分享等功能，提升用户体验，老百姓出行更加便捷。截至目前，定制公交总共已经发展出 258 个班次，线路涵盖北京多个区域。

国家电网
STATE GRID
国网苏州供电公司
STATE GRID SUZHOU POWER SUPPLY COMPANY

国网江苏省电力有限公司苏州供电分公司

“分众式合作”打造古镇能源消费绿色新生态

吴江同里古镇大量居民使用煤炭、煤油、煤气罐等明火设备，存在严重安全隐患。为此，国网苏州供电公司与政府、电厨具厂商、小微商户、居民等利益相关方，通过差异化的分众式沟通合作，精准抓住各方需求，达成共赢合作方式，有序有力推进“同里全电街区”改造，完成“气改电”，以清洁低碳的电能满足古镇人民美好生活需要。

哈啰出行

上海钧正网络科技有限公司

构建智慧共享出行，助力城市交通管理

为了解决共享单车城市管理难题，哈啰出行采用“智能技术驱动精细化运营”，依托哈啰大脑智能调度系统，规划相对最优调度路线；依托非机动车停放行为智能识别系统，实现运维工作及时性和准确性；推出共享单车“定点还车”模式，改善城市乱停乱放局面。用科技缓解高峰时段共享单车供应紧张现象，非高峰时段的道路更整洁。

BOTT LOOP
RECYCLE DESIGN
抱樸再生

北京抱朴再生文化传播有限公司

发起“宝藏行动”，推广零废弃生活方式

为配合城市垃圾分类，抱朴再生用 6 个饮料瓶制成一款外形潮酷的环保抽绳袋，将垃圾分类“四分法”标识融入设计，面向都市年轻群体发起“宝藏行动”，倡导参加户外活动收纳废物不乱扔，以此推广零废弃理念，将传统的环保宣教革新为时尚潮流行为，获得了政府及主流媒体的多方关注，并与多家知名品牌联名，共同弘扬可持续生活方式。

厦门航空有限公司

SDGs 城市穿越赛，激活一座城

为推动更多人参与 SDGs 行动，厦门航空打造出目前国内唯一以联合国可持续发展目标（SDGs）为主题的公益赛事 IP——厦门航空 SDGs 城市穿越赛。通过巧妙设计精心打造的 SDGs 城市穿越赛，让参赛者在体验竞技之乐、感受城市之美的同时，吸引更多企业、组织和个人加入践行可持续发展目标的队伍，为目标的实现汇聚多方力量，贡献更美好的世界。

无废世界

瀚蓝环境股份有限公司

欢迎瀚蓝！——化解邻避效应，破解固废围城

瀚蓝开创性地建设了社会综合成本最小化的集约型固废处理环保产业园，并坚持高品质建设运营，坚持公开透明、坦诚沟通，坚持言行一致，责任为先，与社区共建、与媒体共治，共享企业环保资产，有效消除邻避问题。十多年来，实现周边群众“零有效投诉 + 零上访”，开创园区“无围墙”和谐共融创举，获《人民日报》等主流媒体点赞。

国网泰兴市供电公司

分类处置发挥废旧电杆的剩余价值

针对每年近 1 万基废旧电杆回收利用率低的问题，国网泰兴市供电公司对废旧电杆进行分类处置，或回收用于道路铺设，或将其移交至弱电线路部门或村组再利用，或应用于葡萄架架设、广告牌架设、防洪护坡等多个场所，既解决了废旧电杆乱堆乱放、存在安全隐患、处理不便等难题，也发挥了报废物资的剩余价值。

北京易二零环境股份有限公司（E20 环境平台）

让垃圾分类落地生根

作为多方主体参与、设计环节众多、改变理念行动的综合治理工作，垃圾分类落到实处面临巨大挑战。通过理论创新和路径重构，E20 为太原市建立一套有理论、有工具、有实践效果的“全域化”垃圾分类解决方案，实现了“财力可承受、百姓可接受，模式可复制”。其智慧化管控系统对提升街道、社区的综合治理能力有极大的帮助。

INDITEX

爱特思亚太企业管理有限公司

回收旧衣，打造可持续时尚

为推动价值链减碳，遵循循环经济理念，Inditex 的旧衣回收项目已经在 46 个市场进行开展。通过与当地的非营利组织合作，将收集到的废旧衣物进行重新使用（如捐赠）或回收（如升级或降级回收）再利用，从而给予废旧衣物第二次生命，并创建对社会和环境负责的解决方案。在 2020 年底，该项目覆盖 Inditex 集团全球的所有品牌门店。

雀巢（中国）有限公司

推动可持续包装进程，携手共创无废未来

为了应对塑料废弃物带来的环境挑战，雀巢通过创新塑料包装可回收设计、建立塑料回收再生闭环系统、促进消费者行为改变等系统方法，积极探索减少塑料污染。针对塑料污染的复杂性，雀巢在各类行动中注重联手协会、非政府组织、循环再生企业以及大学等利益相关方，通过全方位和创新形成合力，携手各界打造无废未来。

北京三快在线科技有限公司

青山计划——外卖行业全产业链环保行动

美团外卖 2017 年推出“青山计划”，承诺携手更多合作伙伴共同关注、解决外卖行业环保问题。经过三年多持续推进，青山计划从平台“单打独斗”，到平台成为中枢联合上下游企业打造绿色供应链；从小范围的试点合作到与合作伙伴广泛结盟推动外卖包装新材料的研发和探索；从单一功能性的引导，到平台引领，逐步形成系统的外卖行业环保生态模式。

可口可乐中国

可口可乐中国

“天下无废”，绿色世界

减少食品和饮料包装对环境的影响是一个全球性难题，可口可乐于 2018 年提出“天下无废”的全球可持续包装战略，并结合中国国情联手上海五里桥社区开展塑料瓶回收活动，推出饮料瓶再生衍生品“在乎包”以及“不瓶凡”展览等创新实践，从回收端、再生端和公众教育端寻求突破，积极探索可持续包装本土化方案。

Sateri

赛得利集团

拥抱可持续时尚——FINEX 纤生代™ 纤维项目

针对废旧纺织品回收再利用率低，以及纺织业原料供应紧张的问题，赛得利自 2019 年开展研发，从废弃纺织物中提取纤维，生产回收溶解浆，并且成功实现循环再生纤维素纤维的工业化生产。目前，赛得利（江苏）纤维有限公司已开始生产和销售循环再生纤维素纤维——FINEX 纤生代™纤维，产品成功获得了 RCS 认证。

国网新疆电力有限公司

“帽”美如花——安全帽等零价值报废资源处置的探索

报废物资的资源化处置日益受到重视，新疆电力以报废安全帽为例，探索出了一条由电力企业、花卉种植、农业合作社、社区等共同组成的安全帽再利用“市场”，将报废安全帽用于花盆、扶贫养殖用的饲料盆、校园安全用电宣传教育、创意造型材料等，充分挖掘安全帽综合价值、推动资源集约化利用。

联合利华（中国）有限公司

“清塑行动”——打造规模化 AI 闭环塑料回收体系

建立起从消费、回收至再利用的闭环，是摆脱塑料污染的关键之一。联合利华与阿里巴巴共同打造国内首个规模化 AI 闭环塑料回收体系，应用 AI 识别系统分类收集回收塑料瓶，并将其处理、制造成再生塑料粒子用于联合利华的产品包装，通过构建塑料循环经济，推动绿色环保再升级。目前，该项目正在上海和杭州进行试点。

礼遇自然

中广核 CGN

中国广核集团

自然资本融入管理，探索企业与自然和谐共生之道

自然支持人类的繁荣的同时，承受着不可持续的消耗与破坏。中广核探索“清洁能源发展与自然和谐共生的解决方案”，在国内大亚湾核电基地、云南磨豆山风电场进行试点，将自然资本理念与评估方法应用到企业清洁能源发展中，有效管理对自然资本的影响与依赖，减少了生产运营对生物的扰动、提升了社区抵御自然灾害的能力。

中国华电集团有限公司

巴厘岛海底“植树造林”共建海洋“华电蓝”

巴厘岛北部沿岸的珊瑚礁白化问题危及海洋生物和沿海生态系统。华电巴厘岛电厂联合印度尼西亚环保机构共同设立珊瑚研究及恢复中心，对珊瑚礁恢复的可行性进行详细分析并制定出解决方案，联合科研机构实现珊瑚野放给当地生态恢复以及渔业、旅游业发展带来福祉，也为海外电厂生态保护行动开创了新的思路。

国家电网 STATE GRID
国网武夷山市供电公司

国网福建省电力有限公司
武夷山市供电公司

携手共建电网与原始生态和谐共处新关系

由于线路设计、业务流程、跨领域专业性、各界共识等多方面欠缺，生态电网建设步履维艰。为此，武夷山市供电公司牵头，形成多方配合的信息共享协作平台，从改变电网源头设计、建设运维合作联盟、打造生态应急响应平台、构建良好线树合作业态四条途径入手，化矛盾为合作，打造电网与原始生态和谐共处新关系。

内蒙古伊利实业集团股份有限公司

种养一体化，产业自然态

针对乳业上游牧场养殖环节面临的饲料成本高、粪污环保压力大的问题，伊利从 2013 年起开展“种养一体化”项目，从技术指导、管理输出、信贷支持等方面开展全方位帮扶措施，帮助合作牧场解决发展过程中面临的经济与环境双重挑战，推动产业链合作共赢，实现人与自然、产业与生态和谐发展，助力共建地球生命共同体。

NOVARTIS | Reimagining Medicine

诺华集团（中国）

川西南林业碳汇项目“一箭三雕”

在四川省凉山州这一深度贫困地区，诺华川西南林业碳汇项目结合当地发展难点，在推进过程中形成政府、企业、专业环保组织等多方协调、多元共进的模式和创新的管理办法。2011~2020 年，项目克服了高海拔、自然条件恶劣、林牧冲突等多种困难，取得了促进碳吸收、增强生物多样性保护、帮助乡村社区发展的多重效益。

国网新疆电力有限公司

自然资本核算融入全生命环境友好型输变电工程

新疆伊犁—库车 750 千伏线路工程建设中跨越多个重点生态保护区，国网新疆电力有限公司识别了输变电工程各阶段涉及的自然资本接触点，基于此，国网新疆电力有限公司对伊库线工程从设计、施工到运行均提出了更高标准的生物多样性保护要求，通过科学规划避免影响、绿色施工保护生态、植被恢复和谐共生，打造了全寿命环境友好型输变电工程。

安踏集团

高标准为伍，全方位行动

为了应对日益严峻的气候变化挑战，安踏集团在纺织品行业率先与世界自然基金会合作：联动行业企业推动供应链绿色转型，使用环保的纺织品面料并实现包装减塑，开展大量活动，号召上亿消费者绿色行动，并与合作伙伴共同推出创新的环保产品，支持相关组织实现对林地恢复，搭建起共同实现可持续发展的合作伙伴关系。

中国移动通信集团云南有限公司西双版纳分公司

构建野生亚洲象监测预警体系

为了保护濒危物种野生亚洲象，中国移动通信集团云南有限公司西双版纳分公司利用 5G+AICDE 相关数字化技术优势，构建全国首个集野生动物保护、监测预警为一体的数字化、智慧化管理体系，实现了亚洲象的实时监测和及时预警，提升了相关部门应对人象冲突事件的预警处置能力和效率，也提高了亚洲象的知名度及公众保护意识。

国家电网
STATE GRID
国网无锡供电公司
STATE GRID WUXI POWER SUPPLY COMPANY

国网江苏省电力有限公司无锡供电分公司

长江生态保护的行动

针对长江流域水生态损害、水环境污染及其相关的民生发展问题，无锡供电公司长江大保护议题管理实践，从部门职责界定、利益相关方及其期望识别、长江大保护行动识别评价、法律法规及其他要求合规性评价、风险及管控、机遇与成功判断、目标指标与措施、人员管理和培训等入手，确保电网规划建设最小化影响长江生态。

丰田纺织（中国）有限公司

净化海滩,“海好有你”

为了应对海洋环境污染的问题，丰田纺织作为一家汽车零部件制造商，不仅在生产上实现塑料制品循环利用，更在经营活动中制订海岸清扫行动计划。通过活动，从在华员工及家属到合作伙伴，都反省自身在生活和工作中造成对海洋负荷的问题，从源头开始逐步减少海洋垃圾，全面提升了各方支持丰田纺织关注海洋生态改善的理念与行动。

绿色发展

国家电网
STATE GRID
国网南京供电公司
STATE GRID NANJING POWER SUPPLY COMPANY

国网江苏电力有限公司南京供电分公司

共享基站加速 5G 建设

针对 5G 基站建设存量不足的问题，国网南京供电分公司一方面利用电力杆塔部署基站，突破 5G 基站部署难题，挖掘新的业务增长点；另一方面利用社会资源，成功建成全球首个 1.8G 赫兹电力无线专网，以智能互联推动城市发展。项目大幅降低社会基础设施建设成本，减少公共设备对土地资源的占用，在电力和通信行业间形成资源共享模式。

国网浙江省电力有限公司
湖州供电公司

"生态 + 电力"赋能城市绿色发展

针对各行业能源利用绿色化水平不平衡不充分问题，国网湖州供电公司协同政府、金融机构、电力设备制造业、交通运输业、个体商户等各方构建覆盖全社会的"生态 + 电力"平台，打造绿色岸电、全电物流、纯电公交、全电景区等示范项目，建设全国首个"生态 + 电力"示范城市，推进全社会能源消费绿色转型，使湖州生态指数大幅上升。

瑞士再保险股份有限公司
北京分公司

环境污染风险管理平台支持全流程风险评估

保险行业面临融合政策规定、兼顾业务场景、提升风险管控能力等多重压力。瑞再北分联合南京大学自主研发的环境污染风险管理平台全流程风险评估解决方案，具有科学性、规范性、时效性、降本增效的优势，适用于所有行业的企事业单位和其他生产经营者环境风险评估的技术支持系统。

中远海运能源运输股份
有限公司

LNG 双燃料 VLCC 开启绿色驱动新时代 中远海能与君共守一片碧海蓝天

以燃料油作为船舶主要动力来源所带来的高排放风险，一直是航运业环境管理的重点。中远海运能源联合大连船舶重工集团启动"全球首艘 LNG 双燃料 VLCC 合作项目"，该轮按 EEDI PHASE III 标准建造，与采用常规燃料的油轮相比，硫排放预计减少 95% 以上，氮氧化物排放可达到国际海事组织（IMO）制定（Tier III ）标准，碳排放也将大大降低。为大型船舶的节能减排起到积极的示范效应，助力航运业能源结构转型。

中化国际（控股）股份
有限公司

创新工艺实现传统化工行业绿色发展

中化国际下属扬农集团依托创新技术，积极探索"双氧水法"环氧氯丙烷绿色生产新工艺。该工艺使用清洁氧源，具有工艺流程短、原子利用率高、废水量少且易处理的优势，解决了传统工艺废水量大的问题，相较于传统工艺废水减排率达 98%，为推动化工行业的绿色清洁化生产进程、实现化工行业的绿色可持续发展做出了重要贡献。

BG北控

北京控股集团有限公司

打造农村污水治理新方案

当前农村污水治理存在标准不一、住户分散、水质波动大、工程施工难度大等问题。北控集团旗下北控水务在江苏宜兴打造农村污水治理 PPP 项目，通过“1+2+3+ 多”农污治理模式，创立一套农村污水治理综合解决方案，培育了治理农污特色的“三大能力”，构建“7+1”建管体系，运用智慧化平台构建农污 5S 运维中心，让农村污水治理有效可行。

华晨宝马汽车有限公司

“绿色工厂”智造未来——华晨宝马持续获评“国家级绿色工厂”

围绕绿色工厂的持续改进过程，华晨宝马将能耗和对人体健康的影响等因素贯穿产品全生命周期。通过拓展清洁能源使用范围、完善和提升管理体系、提升节能减排方面的信息化管理水平、持续推进节能技改项目立项与实施、推进产品生态设计和产品碳足迹工作，华晨宝马 2019 年底实现沈阳生产基地 100% 可再生能源电力这一目标，减排超过 20 万吨。

DELL Technologies 戴 尔 科 技 集 团

戴尔科技集团

创新驱动绿色供应链管理

戴尔科技集团将绿色供应链管理提升至战略高度，依靠绿色供应链标准为支撑，以资源节约、环境友好为导向，计划应用物联网、大数据和云计算等新一代信息技术，全面打造集采购、生产、营销、回收及物流于一体的综合性供应链体系，将设计、供应、制造和服务环节协同优化，最终达到集团经济活动与环境保护、节能减排协调发展的目的。

Canon Delighting You Always

佳能（中国）有限公司

全产业链绿色管理，引领印刷业绿色升级

传统印刷行业存在的废气废液污染等问题，迫切需要印刷行业绿色转型。佳能（中国）在供应链多环节融入绿色理念，通过绿色设计、采购、营销、服务等内容，不断减低产品环境负荷的同时，将绿色环保理念传递给供应商、经销商、中小企业等合作伙伴，引导客户购买绿色产品，助力印刷行业转型升级。

日产（中国）投资有限公司

绿色供应链的价值始于责任采购

汽车行业供应链绿色转型势在必行。日产在华企业将绿色供应链建设纳入可持续发展规划，特别是将“责任采购”作为绿色供应链建设与价值创造的核心环节，建立并完善责任采购标准，增强供应商绿色发展意识，促进供应商绿色能力提升，还通过评估审核等方式，以体系化管理和专业化支持绿色供应链建设。

爱特思亚太企业管理有限公司

请进，感知绿色空间——Inditex 生态环保门店的管理

为了积极应对气候变化，竭力减少因能源使用产生的环境影响，Inditex 通过制定全球能源战略而促进整个价值链上能源的有效利用。通过开发能源管理系统，进行生态效益型店铺的升级改造，并推动清洁能源的使用，每平方米能耗得以逐年降低。在中国，Inditex2018 年已经达到 100% 生态效益型店铺的目标，另有两家店铺获得 LEED 金牌认证。

科技赋能

百度

AI 寻人，技术温暖回家路

走失是最复杂的社会问题之一，而传统的寻亲方式有着很大的局限性。百度 2016 年底启动“百度 AI 寻人”，采用人脸识别技术，接入民政部、宝贝回家、反邪教网等权威数据，帮助走失者找到回家路，特别是让许多孩子在被拐卖二三十年后重新与家人团聚。截至 2020 年 9 月 20 日，“百度 AI 寻人”平台寻亲成功数量达到 11756 人次。

中国移动
China Mobile

中国移动通信集团有限公司

抗击疫情，5G 支撑——中国移动提供信息化解决方案

新冠肺炎疫情来袭，中国移动以 5G 为支撑提供信息化解决方案，5G 远程医疗系统支持全国超 5500 家医疗机构开展 4.7 万余次远程会诊，并提供医疗服务机器人、疫情防控系统、云医院等 34 项创新服务，支撑“国家远程中心会诊平台”建设，助力承担新冠肺炎重症、危重症患者国家级远程会诊任务，让疫情监测更加精准、防控救治更高效、资源调配更有效率。

广州极飞科技有限公司

科技助农，无人机飞进新疆棉田

由于农村劳动力流失，运用科技手段精准喷洒催熟剂、实现智能采摘、减少人力劳动，成了新疆棉农的刚需。极飞科技构建农业无人机、遥感无人机、农业无人车、农机辅助驾驶设备、农业物联网和智慧农业系统六大产品矩阵，贯穿智慧农业耕种管收生产全周期，有效地减少水和农药的使用，在新疆地区可以减少 90% 的用水和 20%~30% 的农药使用。

北京全景智联科技有限公司

物联网技术护航方舱医院

疫情高峰期，被视为“生命之舱”的方舱医院面临病人健康数据和行动轨迹监测难题。全景智联快速响应，利用 2 天 2 夜完成了方舱医院物联网管理系统的研发和部署，迅速汇总病人信息，医护人员借助可视化管理平台，实现人员快速定位、匹配查找、越界告警，筑牢了抗疫的第一道防线，用硬核科技温情守护患者和医护人员。

中化国际（控股）股份有限公司

数字化赋能打造智慧工厂

中化国际下属圣奥化学以信息化建设为核心，通过自动化改造和数字化赋能打造“智慧工厂”，以生产管控、设备管理、安全环保、能源管理、物流管理、辅助决策为重点，结合管理系统建设，以数字化驱动运营管理创新，提升流程工业智能化，实现降本增效、节能降耗并消除安全隐患，为精细化工领域智慧工厂建设树立了典范。

中国移动 China Mobile

中国移动通信集团山东有限公司

5G 高速路，安全无死角——东营港智慧化工园区建设升级

近两年化工园区安全事故频发。东营港 5G 智慧化工园区项目基于 5G MEC 专网建设，通过搭建“云—管—端”整体解决方案，部署 5G+ 可视化指挥调度、智慧安监、全方位园区安防、智慧环保，实现园区公共管廊、重大危险源、高危作业、企业中控室、在建工地等实时信息采集和人工智能监管，监测效率提升 2.6 倍，各企业不规范行为降低 75%。

国家电网
STATE GRID
国网无锡供电公司

国网江苏省电力有限公司
无锡供电分公司

电力大数据支持中小企业信用评价

2020 年以来，许多中小企业面临融资难题，导致拖欠电费情况增加。为此，国网无锡供电公司牵头，与金融机构和中小企业共同研究开发“综合信用风险评价”模型提供信用评价分析，并选择 25 家中小企业成功开展试点应用，实现多赢目标。该模型更客观地反映中小企业生产经营情况，提高中小企业贷款申请效率，防控电费回收风险。

太原地铁

太原市轨道交通发展
有限公司

以运营为导向的数字孪生地铁应用

传统地铁工程建设运营过程中信息孤岛、流程割裂问题严峻，导致建设运营成本高、质量、环境绩效低下。太原地铁在全国范围内率先全线尝试“以运营为导向的全生命周期 BIM 技术应用”，以地铁百年安全运营需求为导向，将 BIM 及 PHM 技术贯穿设计、施工、运营全过程，依托一条数字孪生的地铁线，实现地铁全生命周期数字化、智能化管理。

英特尔（中国）有限公司

“机器人创新生态”培育可持续的机器人产业

机器人产业发展前景广阔，同时也面临关键技术突破和应用落地的挑战，英特尔于 2015 年推出“机器人创新生态”，以技术创新和市场加速为核心，广泛汇聚全球优质生态合作资源，整合供应链，对接投融资，通过专业化运营，持续促进产学研协同创新，服务数万创新创业者，加速机器人产业化。截至目前，已聚集了 350 余家生态合作伙伴，举办线上线下超过 100 多场活动，持续表彰生态创新优秀企业，不断推出机器人开放技术平台，共同打造机器人行业落地成功案例。

WeBank
微众银行

深圳前海微众银行股份
有限公司

打造新一代风险管理及 ESG 分析平台

为解决可持续金融和 ESG 投资中卡脖子的数据获取和分析难题，微众银行打造国内首个基于卫星遥感数据、市场舆情等另类数据及 AI 技术的新一代风险管理及 ESG 分析平台，有效捕捉气候变化、生物多样性等指标变化，实现高低频数据的融合，提供实时、独立并有效的 ESG 评分与指数，支持内部业务和金融机构等不同对象的使用。

WeBank
微众银行

深圳前海微众银行股份有限公司

基于 AI 和卫星数据的疫情下宏观经济监测平台

新冠肺炎疫情对经济产生的巨大影响如何以数据精准呈现，微众银行首创基于人工智能技术和卫星数据的疫情下宏观经济监测平台：中国经济恢复指数（CERI）、卫星生产制造指数（SMI）等，展现了全国、区域、行业层面在时空维度上的变化趋势，为精准信贷扶持提供数据支持，并为监管机构、国际组织制定疫情下复工复产政策提供参考。

优质教育

Life Is On | Schneider Electric 施耐德电气

施耐德电气（中国）有限公司

产教融合深耕职业教育，成就技能人才发展

为了构建产教融合、校企协同发展的技术技能人才培养体系，帮助有需要的年轻人成为工业自动化、智能制造及能源管理等领域的专业人才，施耐德电气在中国发起“碧播职业教育”计划，引进法国教材、教具，并结合中国国情，通过产教融合、师资培训、设备支持、多方协作等不同方向的尝试，帮助学生获得良好职业发展，为中国智能制造提供人才支撑。

中国五矿集团有限公司
CHINA MINMETALS CORPORATION

中国五矿集团有限公司

“矿心”职业教育，阻断贫困代际传递

为帮助贫困学子习得技能、体面就业，中国五矿利用内部资源，依托攀枝花技师学院，开展 “矿心”职业教育扶贫项目，为云南、湖南定点扶贫 6 个县的贫困学生提供三年免费职业教育并介绍就业岗位。项目通过持续合理的投入、从入学到就业闭环的方式，为家境贫寒的青年打开人生希望之窗。

渣打银行（中国）有限公司

提升大学生创新意识，培养“未来企业家”

为助力大学生获得更多学习和发展机会，渣打银行（中国）于 2019 年开启“未来企业家”项目，通过举办创新大赛等活动，调动企业资金优势和员工志愿者人力优势，助力年青一代创新创业。目前，项目共惠及 200 余所高校的 9000 余名大学生，近 300 个社会创新项目通过“未来企业家”平台获得进一步提升。

日产（中国）投资有限公司

创新梦融入汽车科技——嗨起来，成就孩子梦想

为促进青少年全面发展，日产（中国）于 2013 年创立“日产筑梦课堂”项目，以汽车常识为切入点，结合 STEAM 教育理念，培养学生为解决环境、安全等社会问题所需要的综合能力。项目相继开设了汽车文化、汽车制造、汽车环保、汽车喷绘、汽车设计、汽车驾控、智能汽车驾控 7 个领域的 19 门课程，已在全国 14 个省、直辖市的 700 多所小学开展。

有道
youdao

网易有道信息技术（北京）有限公司

开通网络直播，为偏远地区输送优质资源

网易公益教育由网易创始人兼 CEO 丁磊于 2018 年发起，旨在平衡教育资源，“让知识无阶层流动，让中国处处都是学区房”。项目综合运用网易软件、硬件、平台能力以及人力优势，深度提高贫困地区教育智能化水平。目前，已覆盖 300 余所学校、20 余万学生，搭建起了包括小学素质教育、中学直录播网班以及教师培训等在内的扶贫教育体系。

中国移动通信集团有限公司

信息化赋能，均衡素质教育水平

针对教育资源分布不均衡问题，中国移动长期开展“蓝色梦想——中国移动教育捐助计划”，为中西部农村中小学校长提供培训、偏远地区学校捐赠现代教育技术设备和图书等教学资源，提高了中西部农村中小学校长的管理能力，以及该地区的基础教育信息化水平，为中西部地区农村教育质量提供了组织保障。

李锦记酱料集团

李锦记希望厨师项目：送厨艺改写命运，当厨师美味一生

为帮助经济欠发达地区青年掌握一技之长，规划理想人生，李锦记结合企业自身优势，推出希望厨师项目，全额资助家庭困难青年入读重点职业高中中餐烹饪专业学习厨艺、实现就业创业。目前，项目惠及 21 个省市的 873 名学生，其中 482 人已经走上工作岗位，大部分希望厨师已经融入都市生活，实现了反哺家庭。

掌门教育
zhangmen.com

上海掌小门教育科技有限公司

打造创新驱动型在线教育技术体系

为推动偏远地区教育模式升级变革，补齐当地教育短板，掌门通过应用现代信息技术手段，开展“守护贫困孩子的安全”计划，为贫困地区孩子带去优质在线教育课程，并通过远程支教形式为偏远地区提供专业的教师培训，“云支教”项目现已覆盖 20 多所学校，惠及上万名教师。

LANXESS 朗盛
Energizing Chemistry

朗盛化学（中国）有限公司

洁净水，滋润未来——中国大学生水资源调研竞赛

为了充分发挥大学生在水资源保护方面的专业性和创造力，积极关注水资源短缺问题，朗盛化学于 2015 年启动“洁净水，滋润未来”——中国大学生水资源调研竞赛活动，组织大学生运用专业知识提供水资源问题解决方案。项目至今举办六届，累计产生 109 个水资源解决方案，搭建起了企业、高校、媒体、行业协会和公众交流互动平台。

科大讯飞
iFLYTEK

科大讯飞股份有限公司

因材施教整体解决方案，助力优质均衡教育

当前，资源不均衡、师生负担重，是基础教育发展中比较突出的问题。科大讯飞的因材施教综合解决方案，推动人工智能技术与教育教学融合创新，实现“教、学、考、评、管”全方位的智能加持和数据汇聚分析；同时，创新型“OMO 线上线下混合式教学模式”对区域教育应急响应和线上教学成果保障形成了巨大助力，有效促进均衡教育发展、提升教育质量。

亚太森博集团

共建活动中心，促进儿童早期发展

为提高儿童早期教育质量，亚太森博（山东）与日照经济技术开发区社会事业局合作建立儿童早期发展活动中心，通过中心活动提升家长科学养育孩子的意识和能力，让 0~3 岁孩子在语言、运动、认知和社会情感方面得到了有效提升。该中心通过为周边社区居民适龄儿童提供免费的高质量早期养育活动，减轻了家长的经济负担，挖掘了儿童的发展潜能。

驱动变革

Signify

昕诺飞（中国）投资有限公司

后碳中和时代的可持续发展计划

在经历 30 年经济高速增长之后，气候变化以及能源短缺问题成为我国经济高质量发展中头等大事。2016 年，昕诺飞发布了 2016~2020 年可持续发展计划“闪亮生活，美好世界”，承诺并达成了到 2020 年 80% 的营业收入来自有益于环境与社会效益的产品、系统和服务，商业运营实现 100% 碳中和，并采用 100% 可再生电力。

国家电网 STATE GRID
国网杭州供电公司 STATE GRID HANGZHOU POWER SUPPLY COMPANY

国网浙江省电力有限公司杭州供电公司

建成中央企业首个大型活动可持续发展管理体系

为破解大型活动中资源浪费、环境破坏以及由此带来的城市可持续发展问题，国网杭州供电公司推出了“可持续能源‘充电’杭州 2022 亚运会”行动计划，应用 ISO 20121《大型活动可持续性管理体系要求及使用指南》国际标准，助力 58 座亚运场馆和亚运村实现绿电供能，获中央企业首个大型活动可持续性发展管理体系认证，树立了能源服务大型活动标杆。

Swiss Re

瑞士再保险股份有限公司北京分公司

“信瑞智农”赋能农业保险产品创新与风险管理

传统农业保险存在的道德风险、逆向选择、保险费率厘定难等难题，阻碍了农业保险发展。瑞士再保险股份有限公司北京分公司推出“信瑞智农”智能农业风险管理平台，来解决农险产品创新难、成本高、赔付慢等问题。这一平台可利用相关气象数据，计算出预期赔付率，自动生成保险产品优化建议，并支持实时赔付计算，大幅缩小了农业保险保障的巨大缺口。

日产（中国）投资有限公司

带起来，跑起来——助力中国汽车零部件产业实现双循环

为保障和提升中国汽车零部件行业的整体供应能力，日产（中国）对零部件供应商展开了包括 THANKS 在内的一系列改善活动，帮助零部件供应商在提高产品质量的同时降低成本，从而提升高供应商的总体竞争力，推动中国汽车零部件行业的发展壮大，中国本土零部件供应商参与度越来越强，成为汽车零部件全球采购的受益者和贡献者。

国网湖南省电力有限公司

智能电表的“透明服务”管理

面对智能电表跑得快、计量不精准、耗费电等质疑，国网湖南省电力有限公司创新开展智能电表的“透明服务”管理，识别智能电表全寿命周期各环节的利益相关方，开展信息诉求分析，有针对性地进行披露，并引导利益相关方参与和监督全过程，有效缓解了质疑，拉近了与利益相关方的距离，塑造了“公平公正、科学准确”的品牌形象。

国网浙江省电力有限公司
台州供电公司

破“两高”，增强民营企业获得感

随着台州民营经济“低小散”向规模经济转型，小微园区企业用电“时间成本高”和“经济成本高”问题严峻。国网浙江省电力有限公司台州供电公司通过空间、流程、信息等一套社会资源整合和优化配置方案，提高了企业获得电力指数、为社会各界节约了成本，也为民营经济创造了更好的营商环境，助力疫后时期民营经济持续、健康发展。

天九共享控股集团有限公司

抱团加速独角兽，支持传统企业智慧转型

针对创新创业企业发展中缺资金、资源等，传统企业转型缺创新项目等问题，天九共享集团通过联营赋能、资本赋能、资源赋能、智慧赋能四大模式，调配各方资源触达更多的优质创新项目、联营伙伴、投资人与机构，帮助传统企业“抱团加速独角兽，智慧转型新经济”，帮助新经济企业闪电式抢占国内外市场，共享蚂蚁变大象的价值。

盛世投资

培育绿色经济新动能，焕发老工业基地活力

针对徐州作为煤炭工业老城面临的环境治理与产业转型问题，盛世投资作为徐州老工业基地基金的管理人，按照“政府引导、市场运作”的原则，重点布局“6+6”现代工业产业体系中的 6 大战略性新兴产业，即新能源、新材料、装备与智能制造、集成电路与 ICT、生物医药与大健康等领域，激发和培育徐州绿色经济活力。

无限极（中国）有限公司

“五个一”推动可持续发展落地

21 世纪以来，可持续发展和企业社会责任作为一种社会思潮已然成为企业商业活动的主流语言体系。2017 年，无极限推出了一个核心价值观“思利及人”、一个公益基金会、一支志愿者队伍、一组特色公益品牌项目、一本企业社会责任报告“五个一”社会责任体系，优化管理水平、提升责任品牌形象、促进绿色转型发展。

蒙牛乳业（集团）股份有限公司

GOAL 体系让可持续发展成为工作方式和生活方式

为将可持续发展融入工作与生活、积极响应“十四五”规划 2035 远景目标，蒙牛在 2017 年建立五阶段走向世界级制造管理方式 MNWCO2.0 后，于 2019 年增添环境可持续模块——绿色运营与生活 (简称 GOAL)。通过各级成员真心实意的变革，实施包括生态环境类的资源和环境影响地图、社会类的志愿者服务等最佳实践，带领企业公民走上可持续发展的共创共建之路。

致 谢

感谢金钥匙专家委员会对2020年“金钥匙——面向SDG的中国行动”的大力支持，感谢2020年“金钥匙——面向SDG的中国行动”现场路演晋级评审专家的支持，感谢参与本案例的企业给予的大力支持。

金钥匙专家委员会

王文海 中国五矿集团有限公司企业文化部部长

王 军 中化国际（控股）股份有限公司副总裁

王 鑫 bp（中国）投资有限公司企业传播与对外事务副总裁

戈 峻 天九共享集团董事局执行董事、全球CEO

吕建中 依视路集团大中华区事务总裁

庄 巍 金蜜蜂首席创意官

祁少云 中国石油集团经济技术研究院首席技术专家

伦慧娥 瑞士再保险亚洲区企业传播部负责人

李 玲 安踏集团副总裁

李鹏程 蒙牛集团执行总裁

陈小晶 诺华集团（中国）副总裁

陈伟征 责扬天下（北京）管理顾问有限公司总裁

沈文海 中国移动通信集团有限公司发展战略部（改革办公室）总经理

肖 丹 昕诺飞大中华区整合传播副总裁

杨美虹 福特中国传播及企业社会责任副总裁

张 晶 玫琳凯（中国）有限公司副总裁

金　铎　瀚蓝环境股份有限公司总裁

郑静娴　Visa 全球副总裁、大中华区企业传播部总经理

周　兵　戴尔科技集团全球副总裁

铃木昭寿　日产（中国）投资有限公司执行副总裁

徐耀强　中国华电集团有限公司办公室（党组办、董事办）副主任

黄健龙　无限极（中国）有限公司行政总裁

梁利华　华平投资高级副总裁

韩　斌　全球契约中国网络执行秘书长

鲁　杰　佳能 (中国) 涉外关系及企业品牌沟通部总经理

“金钥匙——面向 SDG 的中国行动”现场路演晋级评审专家

（以下不包括参与评审的金钥匙专家委员部分专家）

马继宪　大唐集团国际部副主任

王亚琳　联合国开发计划署（UNDP）驻华代表处官员

史根东　中国可持续发展教育全国工作委员会执行主任

孙希坤　新浪财经大数据中心副总经理

朱向军　中核集团公司党群工作部副主任

李正立　中国技术进出口集团公司副总经理

胡柯华　中国纺织工业联合会社会责任办公室副主任兼可持续发展主任

曾　毅　中国科学院自动化研究所研究员，北京智源人工智能研究院 AI 伦理与可持续发展中心主任、国家新一代 AI 治理专业委员会专家

雷　明　北京大学乡村振兴研究院院长，北京大学光华管理学院二级教授

（以姓氏笔画为序）